厄瓜多尔辛克雷水电站规划设计丛书

第二卷

国家电网骨干电站规划

张金良　张厚军　主编

黄河水利出版社

·郑州·

内 容 提 要

本书为厄瓜多尔辛克雷水电站规划设计丛书的第二卷。主要内容包括流域及库区概况、径流分析、洪水分析、水位流量关系、南方涛动对 Coca 河流域水文情势的敏感性分析、来水来沙分析、首部枢纽水库淤积、沉沙池沉沙计算、调蓄水库淤积、工程泥沙问题研究、厄瓜多尔电力概况、工程开发任务与开发方案、工程规模论证等。本书基于厄瓜多尔实际情况，充分吸取国内外研究经验，采用国内成熟技术及国际通用模型，研究提出了设计径流、设计洪水、水位流量关系、水库淤积、沉沙池运行效果、工程规模等重要成果，为辛克雷水电站工程规模论证、水电站枢纽设计等提供了基础支撑。

本书可供水利水电工程规划设计、水电站运行与管理及相关学科的科研、设计、生产部门的专业技术人员及高等院校相关专业师生参考。

图书在版编目(CIP)数据

国家电网骨干电站规划/张金良,张厚军主编. —
郑州:黄河水利出版社,2021.5
(厄瓜多尔辛克雷水电站规划设计丛书.第二卷)
ISBN 978-7-5509-2885-5

Ⅰ.①国… Ⅱ.①张… ②张… Ⅲ.①水轮发电机–
发电机组–设计–厄瓜多尔 Ⅳ.①TM312

中国版本图书馆 CIP 数据核字(2020)第 270087 号

组稿编辑:简 群 电话:0371-66026749 E-mail:931945687@qq.com

出 版 社:黄河水利出版社 网址:www.yrcp.com
地址:河南省郑州市顺河路黄委会综合楼 14 层 邮政编码:450003
发行单位:黄河水利出版社
发行部电话:0371-66026940、66020550、66028024、66022620(传真)
E-mail:hhslcbs@126.com
承印单位:河南瑞之光印刷股份有限公司
开本:787 mm×1 092 mm 1/16
印张:14
字数:360 千字 印数:1—1 000
版次:2021 年 5 月第 1 版 印次:2021 年 5 月第 1 次印刷

定价:145.00 元

总序一

　　科卡科多·辛克雷（Coca Codo Sinclair，简称 CCS）水电站工程位于亚马孙河二级支流科卡河（Coca River）上，距离厄瓜多尔首都基多 130 km，总装机容量 1 500 MW，是目前世界上总装机容量最大的冲击式水轮机组电站。电站年均发电量 87 亿 kW·h，能够满足厄瓜多尔全国 1/3 以上的电力需求，结束该国进口电力的历史。CCS 水电站是厄瓜多尔战略性能源工程，工程于 2010 年 7 月开工，2016 年 4 月首批 4 台机组并网发电，同年 11 月 8 台机组全部投产发电。2016 年 11 月 18 日，习近平总书记和厄瓜多尔总统科雷亚共同按下启动电钮，CCS 水电站正式竣工发电，这标志着我国"走出去"战略取得又一重大突破。

　　CCS 水电站由中国进出口银行贷款，厄瓜多尔国有公司开发，墨西哥公司监理（咨询），黄河勘测规划设计研究院有限公司（简称"黄河设计院"）负责勘测设计，中国水电集团国际工程有限公司与中国水利水电第十四工程局有限公司组成的联营体以 EPC 模式承建。作为中国水电企业在国际中高端水电市场上承接的最大水电站，中方设计和施工人员利用中国水电开发建设的经验，充分发挥 EPC 模式的优势，密切合作和配合，圆满完成了合同规定的各项任务。

　　水利工程的科研工作来源于工程需要，服务于工程建设。水利工程实践中遇到的重大科技难题的研究与解决，不仅是实现水治理体系和治理能力现代化的重要环节，而且为新老水问题的解决提供了新的途径，丰富了保障水安全战略大局的手段，从而直接促进了新时代水利科技水平的提高。CCS 水电站位于环太平洋火山地震带上，由于泥沙含量大、地震烈度高、覆盖层深、输水距离长、水头高等复杂自然条件和工程特征，加之为达到工程功能要求必须修建软基上的 40 m 高的混凝土泄水建筑物、设计流量高达 220 m³/s 的特大型沉沙池、长 24.83 km 的大直径输水隧洞、600 m 级压力竖井、总容量达 1 500 MW 的冲击式水轮机组地下厂房等规模和难度居世界前列的单体工程,设计施工中遇到的许多技术问题没有适用的标准、规范可资依循,有的甚至超出了工程实践的极限,需要进行相当程度的科研攻关才能解决。设计是 EPC 项目全过程管理的龙头,作为 CCS 水电站建设技术承担单位的黄河设计院,秉承"团结奉献、求实开拓、迎接挑战、争创一流"的企业精神,坚持"诚信服务至上,客户利益至尊"的价值观,在对招标设计的基础方案充分理解和吸收的基础上,复核优化设计方案,调整设计思路,强化创新驱动,成功解决了高地震烈度、深覆盖层、长距离引水、高泥沙含量、高水头特大型冲击式水轮机组等一系列技术难题,为 CCS 水电站的成功建设和运行奠定了坚实的技术基础。

CCS 水电站的相关科研工作为设计提供了坚实的试验和理论支撑,优良的设计为工程的成功建设提供了可靠的技术保障,CCS 水电站的建设经验丰富了水利科技成果。黄河设计院的同志们认真总结 CCS 水电站的设计经验,编写出版了这套技术丛书。希望这套丛书的出版,进一步促进我国水利水电建设事业的发展,推动中国水利水电设计经验的国际化传播。

是以为序!

原水利部副部长、中国大坝工程学会理事长

2019 年 12 月

总序二

南美洲水能资源丰富,开发历史较长,开发、建设、管理、运行维护体系比较完备,而且与发达国家一样对合同严格管理、对环境保护极端重视、对欧美标准体系高度认同,一直被认为是水电行业的中高端市场。黄河勘测规划设计研究院有限公司从 2000 年起在非洲、大洋洲、东南亚等地相继承接了水利工程,开始从国内走向世界,积累了丰富的国际工程经验。2007 年黄河设计院提出黄河市场、国内市场、国际市场"三驾马车竞驰"的发展战略,2009 年中标科卡科多·辛克雷(Coca Codo Sinclair,简称 CCS)水电站工程,标志着"三驾马车竞驰"的战略格局初步形成。

CCS 水电站是厄瓜多尔战略性能源工程,总装机容量 1 500 MW,设计年均发电量 87 亿 kW·h,能够满足厄瓜多尔全国 1/3 以上的电力需求,结束该国进口电力的历史,被誉为厄瓜多尔的三峡工程。CCS 水电站规模宏大,多项建设指标位居世界前列。如:(1)单个工程装机规模在国家电网中占比最大;(2)冲击式水轮机组总装机容量世界最大;(3)可调节连续水力冲洗式沉沙池规模世界最大;(4)大断面水工高压竖井深度居世界前列;(5)大断面隧洞在南美洲最长等。成功设计这座水电站不但要克服冲击式水轮机对泥沙含量控制要求高、大流量引水发电除沙难、大变幅尾水位高水位发电难、高内水压力低地应力隧洞围岩稳定性差等难题,还要克服语言、文化、标准体系、设计习惯等差异。在这方面设计单位、EPC 总包单位、咨询单位、业主等之间经历了碰撞、交流、理解、融合的过程。这个过程是必要的,也是痛苦的。就拿设计图纸来说,在 CCS 水电站,每个单位工程需要分专业分步提交设计准则、计算书、设计图纸给监理单位审批，前序文件批准后才能开展后续工作，顺序不能颠倒，也不能同步进行。负责本工程监理的是一家墨西哥咨询公司，他们水电工程经验主要是在20世纪中期左右积累的，对最近20年中国成功建设的一批大型水电工程新技术不了解，在审批时提出了许多苛刻的验证条件，这对在国内习惯在初步设计或可行性研究报告审查通过后自行编写计算书、只向建设方提供施工图的设计团队来讲，造成很大的困扰，一度不能完全保证施工图及时获得批准。为满足工程需要，黄河设计院克服各种困难，很快就在适应国际惯例、融合国际技术体系的同时，积极把国内处于世界领先水平的理论、技术、工艺、材料运用到CCS水电站项目设计中，坚持以中国规范为基础，积极推广中国标准。经过多次验证后，业主和监理对中国发展起来的技术逐渐认可并接受。

CCS水电站主要有两大技术难题：一是高水头冲击式水轮机组对过机泥沙控制要求非常严格，得益于黄河设计院多年治黄、治沙的经验，采用特大规模沉沙池，经数值模拟分析，物理模拟验证，成功地完成了CCS水电站的泥沙处理设计，满足了近乎苛刻的过机泥沙粒径要求，保证了工程的顺利运行，也可为黄河等多沙河流的相关工程提供借鉴；二是563 m的深竖井设计和施工，遇到高内水压力低地应力隧洞围岩稳定性差的难题，施工中曾多次出现突水、突泥、塌方，对履行合同工期面临巨大挑战。经设计施工的通力合作，战胜了这一"拦路虎"，避免了高额经济索赔。

作为多国公司参建的水电工程，CCS水电站的成功设计，不但为CCS水电站工程的建设提供了可靠的技术保障，而且进一步树立了中国水电设计和建设技术的世界品牌。黄河设计院的同志们在工程完工3周年之际，认真总结、梳理CCS水电站设计的经验和教训，以及运行以来的一些反思，组织出版了这套技术丛书，有很大的参考价值。

中国工程院院士

2019 年 11 月

总前言

厄瓜多尔科卡科多·辛克雷(Coca Codo Sinclair,简称 CCS)水电站位于亚马孙河二级支流 Coca 河上,为径流引水式,装有 8 台冲击式水轮机组,总装机容量 1 500 MW,设计多年平均发电量 87 亿 kW·h,总投资约 23 亿美元,是目前世界上总装机容量最大的冲击式水轮机组电站。

厄瓜多尔位于环太平洋火山地震带上,域内火山众多,地震烈度较高。Coca 河流域地形以山地为主,分布有高山气候、热带草原气候及热带雨林气候,年均降雨量由上游地区的 1 331 mm 向下游坝址处逐渐递增到 6 270 mm,河流水量丰沛。工程区河道总体坡降较陡,从首部枢纽到厂房不到 30 km 直线距离,落差达 650 m,水能资源丰富,开发价值很高。为开发 Coca 河水能资源而建设的 CCS 水电站,存在冲击式水轮机过机泥沙控制要求高、大流量引水发电除沙难、尾水位变幅大保证洪水期发电难、高内水压低地应力隧洞围岩稳定差等技术难题。2008 年 10 月以来,立足于黄河勘测规划设计研究院有限公司 60 年来在小浪底水利枢纽等国内工程勘察设计中的经验积累,设计团队积极吸收欧美国家的先进技术,利用经验类比、数值分析、模型试验、仿真集成、专家研判决策等多种方法和手段,圆满解决了各个关键技术难题,成功设计了特大规模沉沙池、超深覆盖层上的大型混凝土泄水建筑物、24.83 km 长的深埋长隧洞、最大净水头 618 m 的压力管道、纵横交错的大跨度地下厂房洞室群、高水头大容量冲击式水轮机组等关键工程。这些为 2014 年 5 月 27 日首部枢纽工程成功截流、2015 年 4 月 7 日总长 24.83 km 的输水隧洞全线贯通、2016 年 4 月 13 日首批四台机组发电等节点目标的实现提供了坚实的设计保证。

1

2016 年 11 月 18 日,中国国家主席习近平在基多同厄瓜多尔总统科雷亚共同见证了 CCS 水电站竣工发电仪式,标志着厄瓜多尔"第一工程"的胜利建成。截至 2018 年 11 月,CCS 水电站累计发电 152 亿 kW·h,为厄瓜多尔实现能源自给、结束进口电力的历史做出了决定性的贡献。

CCS 水电站是中国水电积极落实"一带一路"发展战略的重要成果,它不但见证了中国水电"走出去"过程中为克服语言、法律、技术标准、文化等方面的差异而付出的艰苦努力,也见证了黄河勘测规划设计研究院有限公司"融进去"取得的丰硕成果,更让世界见证了中国水电人战胜自然条件和工程实践的极限挑战而做出的一个个创新与突破。

成功的设计为 CCS 水电站的顺利施工和运行做出了决定性的贡献。为了给从事水利水电工程建设与管理的同行提供技术参考,我们组织参与 CCS 水电站工程规划设计人员从工程规划、工程地质、工程设计等各个方面,认真总结 CCS 水电站工程的设计经验,编写了这套厄瓜多尔辛克雷水电站规划设计丛书,以期 CCS 水电站建设的成功经验得到更好的推广和应用,促进水利水电事业的发展。黄河勘测规划设计研究院有限公司对该丛书的出版给予了大力支持,第十三届全国人大环境与资源保护委员会委员、水利部原副部长矫勇,中国工程院院士、华能澜沧江水电股份有限公司高级顾问马洪琪亲自为本丛书作序,在此表示衷心的感谢!

CCS 水电站从 2009 年 10 月开始概念设计,到 2016 年 11 月竣工发电,黄河勘测规划设计研究院有限公司投入了大量的技术资源,保障项目的顺利进行,先后参与此项目勘察设计的人员超过 300 人,国内外多位造诣深厚的专家学者为项目提供了指导和咨询,他们为 CCS 水电站的顺利建成做出了不可磨灭的贡献。在此,谨向参与 CCS 水电站勘察设计的所有人员和关心支持过 CCS 水电站建设的专家学者表示诚挚的感谢!

由于时间仓促、水平有限,书中不足之处在所难免,敬请广大读者批评指正!

张金良

2019 年 12 月

厄瓜多尔辛克雷水电站规划设计丛书
编 委 会

主　任：张金良

副主任：景来红　　谢遵党

委　员：尹德文　　杨顺群　　邢建营　　魏　萍

　　　　李治明　　齐三红　　汪雪英　　乔中军

　　　　吴建军　　李　亚　　张厚军

总主编：谢遵党

前　言

　　厄瓜多尔科卡科多·辛克雷水电站位于厄瓜多尔北部 Napo 省与 Sucumbios 省交界处、亚马孙河二级支流 Coca 河上,距首都基多 130 km。CCS 水电站为引水式电站,主要建筑物包括首部枢纽、输水隧洞、调蓄水库、发电引水系统和地下厂房等,电站总装机容量 1 500 MW,是厄瓜多尔目前最大的水电站、世界上规模最大的冲击式水轮机组水电站,同时也是中国对外援建的最大规模的水电站工程。

　　CCS 水电站首部枢纽由混凝土面板堆石坝、溢流坝、引水闸及沉沙池组成,首部枢纽坝址位于干流 Quijos 河与 Salado 河交汇口下游 1 km 处,控制流域面积 3 600 km²,库区为峡谷型河道,河床为砂卵石河床,河道比降为 5‰。电站引水经沉沙池沉降后通过长度为 24.83 km 的输水隧洞进入调蓄水库,调蓄水库位于 Coca 河支流 Granadillas 河上,坝址控制流域面积 7.2 km²,由面板堆石坝、溢洪道、导流兼放空洞组成。电站发电厂房位于首部枢纽下游约 60 km 处,河道比降为 3‰,厂址断面以上流域面积 3 960 km²。工程所在区域地质灾害活动比较频繁,主要表现为地震、火山和泥石流。

　　INECEL 公司 1988 年 5 月完成 CCS 水电站 A 阶段设计报告,1992 年 6 月完成 B 阶段设计报告,2008 年 8 月意大利 ELC-Electroconsult 咨询公司(简称 ELC)完成电站装机 1 500 MW 技术可行性研究报告,2009 年 6 月完成可行性研究报告(电站装机 1 500 MW)。2009~2016 年,黄河勘测规划设计有限公司分别完成概念设计、基本设计和详细设计三个阶段的工作。

　　对于国家电网骨干电站规划部分,在概念设计阶段对可研报告采用的基础资料及主要成果等内容进行了详细复核,包括基础资料的插补延长、径流系列分析、设计洪水复核、来水来沙量复核、工程规模复核。在基础设计阶段完成了水文泥沙专题报告,包括径流、洪水、泥沙、水库淤积及沉沙池效果分析等内容。在详细设计阶段配合工程设计开展了水位流量关系、工程泥沙问题分析等内容。其中基于厄瓜多尔所属的东太平洋地区气候变化可能对流域的影响,分析了南方涛动对 Coca 河流域水文情势的敏感性分析等内容。

　　本书综合归纳了三个阶段的成果,主要内容包括流域及库区概况、径流分析、洪水分析、水位流量关系、南方涛动对 CaCo 河流域水文情势的敏感性分析、来水来沙分析、首部枢纽水库淤积、沉沙池沉沙计算、调蓄水库淤积、工程泥沙问题研究、厄瓜多尔电力概况、工程开发任务与开发方案、工程规模论证等。

　　本书基于厄瓜多尔实际情况,在工作开展过程中,与墨西哥、法国等水文泥沙专家进行了深入沟通交流,充分吸取国内外研究经验,采用国内成熟技术及国际通用模型,研究提出了设计径流、设计洪水、水位流量关系、水库淤积、沉沙池运行效果、工程规模等重要成果,为科卡科多辛克雷水电站工程规模论证、水电站枢纽设计等提供了基础支撑。

编　者

2020 年 9 月

《国家电网骨干电站规划》
编写人员及编写分工

主　编：张金良　　张厚军
副主编：陈松伟　　崔　鹏
统　稿：陈松伟

章名	编写人员
第1章　流域及库区概况	崔　鹏
第2章　径流分析	崔　鹏
第3章　洪水分析	崔　鹏
第4章　水位流量关系	崔　鹏
第5章　南方涛动对 Coca 河流域水文情势的敏感性分析	崔　鹏
第6章　来水来沙分析	张厚军　陈松伟
第7章　首部枢纽水库淤积	陈松伟　张厚军
第8章　沉沙池沉沙计算	陈松伟　鲁　俊
第9章　调蓄水库淤积	陈松伟　邢建营
第10章　工程泥沙问题研究	陈松伟　张厚军
第11章　厄瓜多尔电力概况	杨永建　孟　景
第12章　工程开发任务与开发方案	张金良　杨永建　成鹏飞
第13章　工程规模论证	张金良　杨永建　郭兵托

目　录

第 1 章

流域及库区概况

1.1　流域水系概况

　　Coca 流域位于厄瓜多尔共和国(简称厄瓜多尔)北部地区,流域位于北纬 0°10′~南纬 0°43′,西经 77°22′~78°15′,流域面积 4 004 km²(见图 1-1),属亚马孙河水系。Coca 河是 Napo 河(亚马孙河一级支流)的支流,发源于 Antisana(火山名称)火山东麓(5 704 m),干流由 Coca 河和 Quijos(河流名称)河组成。Coca 河与支流 Salado(河流名称)河交汇口以上河段称 Quijos 河,以下河段称 Coca 河。Coca 河干流河道长 160 km,天然落差在 5 200 m 左右。Quijos 河长约 85 km,流域面积 2 677 km²。Coca 河长约 75 km。支流 Salado 河发源于安第斯山脉 Cayambe(火山名称)火山东麓,发源地海拔 5 790 m,西北东南流向,在 Reventador(火山名称)火山南侧汇入 Quijos 河,河口以上流域面积 920 km²,河长约 70 km。

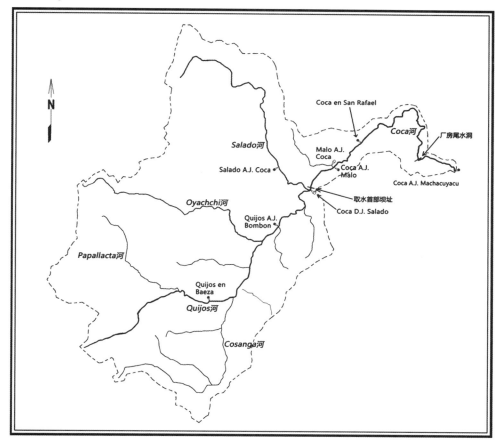

图 1-1　Coca 河流域水系水文站网图

Coca 河 Machacuyacu(河流名称)河口以上支流众多,其中左岸较大支流有 Papallacta

（河流名称）河（507 km²）、Oyacachi（河流名称）河（702 km²）、Salado 河（920 km²）等，右岸较大支流不多，有 Cosanga 河（496 km²）、Borja 河（88 km²）、Bombón（河流名称）河（57 km²）等。

Coca Codo Sinclair（科卡科多·辛克雷，简称 CCS）水电站项目由厄瓜多尔国家电气化协会和厄瓜多尔道路与河流电力工程咨询协会于 1992 年提出并进行了可行性研究，其初始计划装机 900 MW，随着近年来厄瓜多尔电力能源缺口加大，原有装机规模已经不能满足日益增长的电力需求，经过对原有可研的重新审查，提出了 1 500 MW 的实施方案。工程为引水式电站，主要由首部引水枢纽、沉沙池、引水隧洞、调蓄水库、发电厂房五部分组成。

1.2　地形地貌

Coca 流域西部是安第斯中央山脉，东部是 Huagraurco（山名）山脉，南部是 Huacamayos（山名）山脉，北部是 El Reventador 火山，Coca 河从山脉的断裂部分流向亚马孙平原。流域内以山地为主，分布着众多火山。Antisana 火山（5 704 m）与 Cayambe 火山（5 790 m）位于流域西部分水岭，终年被冰川和积雪覆盖。Reventador 火山（3 562 m，南纬 0°4′41″，西经 77°39′22″）位于流域北部分水岭，紧邻干流 Coca 河，火山口距 Coca 河仅 7 km 左右，距首部枢纽 15 km。流域内地形西高东低，河谷下切较深，河道蜿蜒曲折，山谷相间，水流湍急。上游的高海拔地区以稀树草原为主，中游为茂密的原始森林，间杂少量的高覆盖度草地。下游（海拔 1 000 m 以下）基本为茂密的森林。

1.3　工程区概况

首部引水枢纽位于干流 Coca 河上，在 Quijos 河与 Coca 河交界下游 1 km 处，坝址控制流域面积 3 600 km²。库区为峡谷型河道，植被茂密，河床为卵石河床，夹杂有大块石，滩地上有粗泥沙，两岸岸壁岩石裸露。库区干流河道比降为 5‰，支流 Salado 河河道比降为 8.9‰。电站厂址位于首部枢纽下游约 60 km 处，河道比降为 3‰。厂址断面以上流域面积 3 960 km²。调蓄水库位于 Coca 河支流 Granadillas（河名）河上，坝址控制流域面积 10.3 km²。

CCS 水电站上游无大型水利工程，仅在上游支流 Papallacta 河有跨流域引水工程，引水流量为 3 m³/s。

工程所在区域地质灾害活动比较频繁，主要表现为地震、火山和泥石流。

1.4　气候特征与气象要素

厄瓜多尔为赤道国,位于 1°N~5°S。全境以山地为主。安第斯山脉纵贯国境中部,全国分为西部沿海、中部山地和东部亚马孙地区三个部分。

(1)西部沿海:包括沿海平原和山麓地带,东高西低,一般海拔 200 m 以下,有一些海拔 600~700 m 的丘陵和低山。属热带雨林气候,最南端开始向热带草原气候过渡。年平均降雨量从北往南由 3 000 多 mm 递减到 500 mm 左右。

(2)中部山地:安第斯山脉自哥伦比亚入厄瓜多尔国境后,分为东、西科迪勒拉山脉,两山之间为北高南低的高原,海拔平均为 2 500~3 000 m。安第斯山脉纵贯国境中部。山脊纵横交错,把高原分成十多个山间盆地。最重要的是基多盆地和南部的昆卡盆地。境内火山众多,地震频繁。著名的科托帕希火山,海拔 5 897 m,为世界最高的活火山之一。位于厄瓜多尔中部的钦博拉索山,海拔 6 262 m,为厄瓜多尔最高峰。厄瓜多尔的钦博拉索山处,从地心到山峰峰顶为 6 384.1 km。钦博拉索峰位于安第斯山脉西科迪勒拉山,曾长期被误认为是安第斯山脉的最高峰。它是一座休眠火山,有许多火山口,山顶多冰川,在约 4 694 m 以上,终年积雪。

(3)东部亚马孙地区:为亚马孙河流域的一部分。海拔 1 200~2 500 m 为山麓地带,250 m 以下为冲积平原。属热带雨林气候,全年湿热多雨,不分四季,年平均降雨量为 2 000~6 000 mm。

Coca 河流域位于厄瓜多尔安第斯山脉向西部亚马孙平原的过渡地带,是信风的迎风坡,受地形条件影响,暖湿气流在此处迅速抬升,降雨丰富,另外,受赤道强烈的日照作用,对流雨的特征也非常明显。流域内分布有高山气候、热带草原气候及热带雨林气候,降雨量由上游地区 1 446 mm(Papallacta 气象站),向下游逐渐递增到 4 899 mm(San Rafael 气象站)、6 247 mm(Reventador 气象站),见图 1-2。降雨量年内分布比较均匀,特别是下游

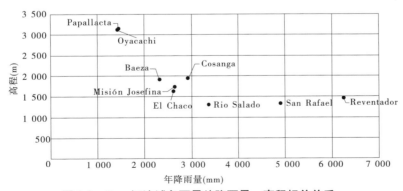

图 1-2　Coca 河流域各雨量站降雨量—高程相关关系

的 San Rafael 气象站和 Reventador 气象站,据资料统计,San Rafael 气象站月平均最大降雨量与最小降雨量比值为 1.43,Reventador 气象站为 1.40。Coca 河流域各站降雨年内分布见图 1-3。

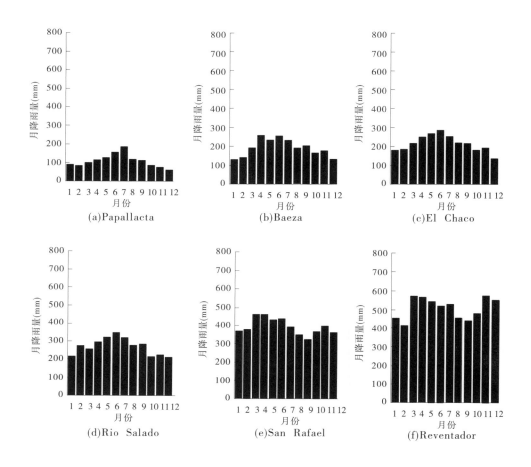

图 1-3　Coca 河流域降雨量年内分布

　　Coca 河流域位于赤道地区,温暖湿润,受高程影响,上游高海拔地区气温偏低,下游低海拔地区气温较高(见图 1-4)。月、年平均气温的变化幅度很小。但日内温差较大,El Chaco 气象站日平均最高气温 28.9 ℃,日平均最低气温 8.9 ℃。

　　流域内,年平均相对湿度为 85%～95%,年平均日照时间为 850～1 050 h。由于湿度较高,有着较多的降雨天数,且日照时间较短,本地区蒸发能力较低,年蒸发量为 410～614 mm(Piche 蒸发计)。

　　Coca 河流域内有 Papallacta、Baeza、Rio Salado、San Rafael 等多个气象站。分别以距首部引水枢纽较近的 Rio Salado 气象站(海拔 1 310 m)、距发电厂房较近的 San Rafael 气象站(海拔 1 330 m)作为工程设计代表站,两站气象要素统计见表 1-1、表 1-2。

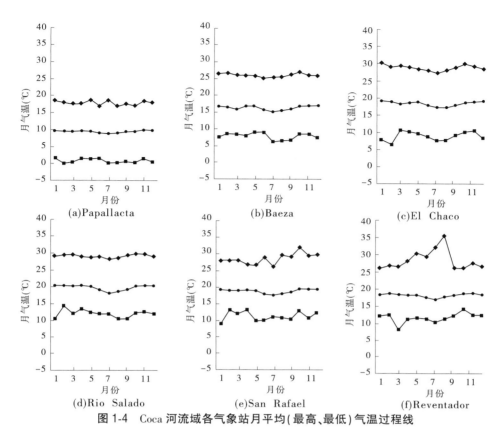

图1-4 Coca河流域各气象站月平均(最高、最低)气温过程线

表1-1 Rio Salado气象站统计资料表

项目		时段(年)	1月	2月	3月	4月	5月	6月	7月	8月	9月	10月	11月	12月	年
降雨量(mm)	平均	1977~1989	216	274	258	297	321	349	318	278	284	215	224	212	3 275
	最高	1977~1989	322	395	414	391	432	513	434	410	361	299	327	325	3 527
	最低	1977~1989	76	151	127	205	239	249	233	195	198	113	165	100	3 016
气温(℃)	平均	1977~1981	20.3	20.3	20.1	20.4	20	19.1	18.1	18.7	19.2	20.1	20.4	20.4	19.8
	最高	1977~1981	29	29.5	29.5	29	28.7	29	28	28.5	29.4	29.9	29.7	29	29.9
	最低	1977~1981	10.5	14.3	12	13.5	12.5	12	12	10.5	10.5	12.3	12.5	12	10.5
蒸发量(mm)	Piche蒸发计	1977~1983	60	34	42	41	39	30	32	39	38	50	53	61	519
	蒸发皿	1977~1983	90	64	80	81	79	64	69	75	74	92	85	92	945
相对湿度(%)		1977~1981	89	94	89	92	90	92	91	89	89	88	86	86	89.6
风速(m/s)		1977~1983	1.4	1.4	1.4	1.3	1.3	1.4	1.3	1.4	1.4	1.5	1.5	1.5	1.4

表 1-2 San Rafael 气象站统计资料表

项目		时段(年)	1月	2月	3月	4月	5月	6月	7月	8月	9月	10月	11月	12月	年
降雨量 (mm)	平均	1975~1989	369	380	464	464	435	440	393	351	325	366	398	361	4 834
	最高	1975~1989	664	549	658	585	583	651	511	462	453	527	558	591	5 723
	最低	1975~1989	129	154	182	361	219	293	157	177	203	209	174	180	3 821
气温 (℃)	平均	1975~1981	19.3	19	18.9	19.1	19	18	17.7	18	18.6	19.4	18.5	19.4	18.7
	最高	1975~1981	28.1	28	28	26.8	26.6	29	26	29.7	29.2	32	29.5	29.8	32
	最低	1975~1981	9	13.4	12	13.2	10	10.2	11.2	11	10.5	13	10.8	12.6	9
蒸发量 (mm)	Piche 蒸发计	1975~1985	45	33	46	23	28	21	26	33	37	43	40	47	422
	蒸发皿	1977~1983	116	78	92	90	82	79	88	80	89	95	105	105	1 099
相对湿度(%)		1975~1981	88	89	93	93	93	95	94	92	91	90	90	90	91.5
风速(m/s)		1977~1983	1.5	1.9	1.8	1.7	1.7	1.5	1.7	2	1.7	1.6	1.8	1.5	1.7
日照时间(h)		1977~1983	91	55	45	50	62	59	63	81	78	91	97	86	858

1.5　地区社会经济概况

厄瓜多尔共和国位于南美洲西北部(北纬 1°27′06″~南纬 5°0′56″,东经 75°11′49″~81°0′40″),西临太平洋,北部与哥伦比亚接壤,南与秘鲁相邻;首都基多,国土面积约 25.6 万 km²。海岸线长约 930 km,有世界非常著名的海港瓜亚基尔。

厄瓜多尔是南美地区经济相对落后的国家,人口有 1 448 万人(2011 年),其中,印欧混血种人占 77.42%,印第安人占 6.83%,白种人占 10.46%,黑白混血种人占 2.74%,黑人和其他人种占 2.55%。官方语言为西班牙语,印第安人通用克丘亚语。94% 的居民信奉天主教。传统上以农牧业为主,工业基础薄弱。其矿产、水利、渔业和森林等自然资源丰富,石油业在其国民经济中占有举足轻重的地位,石油产品出口额占厄瓜多尔总出口额的 40% 以上,其出口收入和国内燃料油销售构成了厄瓜多尔政府财政收入的主要来源。

厄瓜多尔经济以农业为主,农业人口占总人口的 47%。大致可分为两种不同类型的农业区:山地农业区,位于海拔 2 500~4 000 m 的安第斯山的山间河谷和盆地地带,主要种植粮食作物、蔬菜、水果,以及饲养牲畜;沿海农业区,位于西部沿海和大河谷地,主要种植供出口的香蕉(年产约 340 万 t)、可可、咖啡等,此外还种植稻子、棉花。沿海渔业资源丰富,年捕鱼量 90 多万 t。石油开采发展迅速,为采矿业主要部门已探明石油储量为 23.5 亿桶。还开采银、铜、铅等矿。工业主要有石油提炼、制糖、纺织、水泥、食品加工和制药等。主要贸易对象为美国、英国、德国等。出口原油、香蕉、咖啡、可可、香膏木。

厄瓜多尔石油资源主要分布于瓜亚基尔湾一带,在亚马孙平原地区也发现有油田。金和银分布于马查奇和萨鲁马等地。铜产于马查奇。科隆群岛上有硫黄矿。此外,还有铁、铅等。森林面积约占全国面积的 68%,大部分分布在东部地区,盛产贵重木材,如红木和香膏木(或称巴尔萨木)。沿海盛产金枪鱼和虾类。科隆岛上多巨龟和大蜥蜴。

第 2 章

径流分析

2.1　基本资料

距离坝址最近且系列较长的水文测验站是 Coca en San Rafael 水文站,设立于 1972 年 7 月,于 1987 年大地震中损毁,其观测项目包括水位、流量等。支流 Salado 河上有 Salado AJ Coca 站。本次设计采用 Coca en San Rafael 站作为其设计代表站。各水文站基本情况见表 2-1。

表 2-1　水文资料系列一览表

站名	所在河流		控制面积（km²）	建站时间	日流量资料系列	月流量资料系列
Coca en San Rafael（代表站）	干流	Coca	3 790	1972 年 7 月	1972 年 7 月至1987 年 2 月	1972 年 7 月至1987 年 2 月
Quijos AJ Bombón		Quijos	2 448	1978 年 6 月	1978 年 8 月至1990 年 6 月	1978 年 8 月至1990 年 6 月
Quijos en Baeza		Quijos	853	1964 年 6 月	1964 年 6 月至1983 年	1964 年 6 月至1990 年 4 月
Cosanga AJ Quijos	支流	Cosanga	483	1970 年 1 月	1970 年 11 月至1985 年	1970 年 11 月至1987 年 12 月
Quijos AJ Borja		Quijos	1 398	1978 年 2 月	1978 年 6 月至1985 年	1978 年 6 月至1989 年 11 月
Oyacachi AJ Quijos		Oyacachi	692	1972 年 6 月	1972 年 8 月至1985 年	1972 年 8 月至1988 年 6 月
Bombón AJ Quijos		Bombón	50	1978 年 3 月	1978 年至1990 年	
Salado AJ Coca		Salado	771	1975 年 8 月	1975 年至1985 年	

注:1. 自 2008 年 10 月 Coca en San Rafael 站、Quijos AJ Bombón 站、Quijos AJ Borja 站开始复测,但由于系列太短,本次设计没有采用。

　2. 厄瓜多尔水文站名起名规则如下:A(河名)+en+B(地名),代表水文站断面位于 A 河流在临近 B 地点的断面;A(河名)+AJ+B(河名),代表水文站断面位于 A 河流,AB 汇合口断面上游;A(河名)+DJ+B(河名),代表水文站断面位于 A 河流,AB 汇合口断面下游。

2.2　径流特性

Coca 河流域中大部分地区属于热带雨林气候,径流年内分配较为均匀,雨季(5~8月)降雨较旱季多,流域内上下游各站径流年内分配比例相似。根据 Coca en San Rafael 站实测资料,径流的年内分配呈现单峰型,11 月至次年 2 月来水最少,约占全年径流量的 24%;5~8 月水量较大,约占全年径流量的 44%。最大月(7 月)平均流量与最小月(12月)平均流量比例为 2.23(1973~1986 年系列)。Coca 河干流各站径流年内分配见图 2-1。

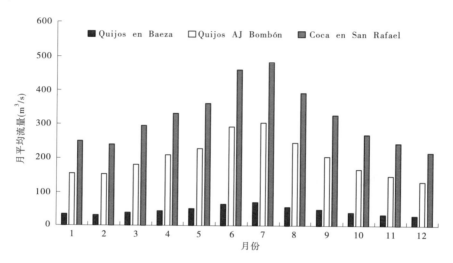

图 2-1　Coca 河干流各站径流年内分配

2.3　入库径流设计

2.3.1　径流系列的插补延长

根据 Coca en San Rafael 站、Quijos AJ Bombón 站、Quijos en Beaza 站的同步实测月径流资料(见表 2-2~表 2-4),建立相关关系(见图 2-2~图 2-5),将三个水文站径流系列插补至 1964 年 6 月至 1990 年 6 月(见表 2-2~表 2-4)。

Coca en San Rafael 站 1964 年 6 月至 1972 年 7 月月平均流量由 Quijos en Baeza 站插值所得,1987 年 3 月至 1990 年 6 月月平均流量由 Quijos AJ Bombón 站插值所得。

Quijos en Beaza 站由 Quijos AJ Bombón 站插值所得(见图 2-2),公式如下:

$$Q_{\text{Baeza}} = 0.19 \times Q_{\text{Bombón}} + 5 \qquad (2\text{-}1)$$

Quijos AJ Bombón 站由 Quijos en Baeza 站插值所得(见图 2-3),公式如下:

$$Q_{\text{Bombón}} = 4.3 \times Q_{\text{Baeza}} \qquad (2\text{-}2)$$

表 2-2　Quijos en Beaza 站月平均流量　　　　　　　　　　　　　（单位：m³/s）

年份	月平均流量												年
	1 月	2 月	3 月	4 月	5 月	6 月	7 月	8 月	9 月	10 月	11 月	12 月	
1964						73.7	62.3	59.6	75.4	39.4	37.3	22.0	
1965	37.4	22.7	31.6	33.2	56.1	75.5	83.0	76.3	54.7	38.4	46.3	39.5	49.8
1966	51.3	44.2	65.9	54.9	39.9	38.7	76.7	62.3	55.1	40.9	31.1	37.8	50.0
1967	73.3	34.9	30.1	38.9	36.1	60.6	84.8	72.8	44.7	51.2	27.6	30.1	48.9
1968	41.7	26.1	34.0	45.9	38.0	67.5	96.8	56.7	47.5	46.9	37.9	23.5	47.0
1969	30.0	34.8	31.0	50.6	60.7	78.6	63.9	80.4	44.1	40.1	34.4	33.3	48.5
1970	56.3	46.6	59.7	59.0	55.5	78.2	48.2	62.6	65.6	38.7	31.9	22.1	52.0
1971	25.6	33.7	46.4	41.9	49.7	71.0	74.4	54.5	51.2	46.8	36.6	36.1	47.4
1972	57.4	34.8	36.3	44.8	53.0	68.6	93.7	51.0	55.7	39.0	41.2	37.9	51.2
1973	45.4	52.9	35.9	38.6	49.3	50.3	59.4	54.7	46.9	42.1	44.1	51.3	47.6
1974	40.3	34.8	22.9	30.6	50.9	55.5	87.7	70.3	49.6	51.9	47.3	48.9	49.4
1975	60.2	33.3	40.8	40.4	55.2	97.2	72.3	81.6	62.1	60.9	49.7	33.7	57.4
1976	49.7	31.3	28.9	50.8	70.8	95.3	100.3	77.1	47.5	33.8	42.4	35.1	55.4
1977	18.9	47.2	71.1	60.0	51.1	69.3	83.5	68.3	59.0	46.0	25.8	29.7	52.5
1978	33.6	40.4	52.4	61.4	54.0	73.6	69.4	59.5	43.3	43.1	29.9	18.9	48.3
1979	12.8	12.8	33.5	52.8	46.2	51.6	56.9	45.4	44.5	31.6	24.5	32.6	37.2
1980	32.1	18.4	43.1	52.5	56.0	71.3	52.8	45.5	39.1	42.4	32.4	21.0	42.3
1981	16.3	35.5	32.5	44.2	39.7	54.2	78.9	36.9	44.7	27.4	26.1	31.2	38.9
1982	30.8	22.3	28.0	47.5	50.6	47.9	68.0	64.8	45.9	36.3	39.0	30.8	42.8
1983	32.0	37.0	40.0	47.0	78.0	64.0	63.0	59.0	55.0	51.0	28.0	24.0	48.3
1984	26.0	33.0	31.0	43.0	38.0	53.0	55.0	40.0	46.0	33.5	26.0	21.0	37.1
1985	10.0	22.0	40.0	26.0	52.0	68.0	69.0	66.0	42.0	36.0	25.0	18.0	39.6
1986	14.0	8.0	38.0	53.0	47.0	52.0	88.0	50.0	48.0	38.0	32.0	41.0	42.7
1987	34.0	63.3	49.1	62.0	56.5	50.0	54.0	46.0	35.0	30.0	20.0	24.0	43.5
1988	15.0	37.0	34.0	59.0	59.0	54.0	70.0	42.0	31.2	41.0	48.0	29.0	43.3
1989	44.0	30.0	40.0	34.0	64.0	97.0	65.0	39.0	48.7	52.1	42.8	30.8	49.0
1990	26.0	22.0	51.0	33.0	67.5	77.0							47.8
多年													46.8

表 2-3　Quijos AJ Bombón 站月平均流量　　　　　　（单位：m³/s）

年份	月平均流量												年
	1月	2月	3月	4月	5月	6月	7月	8月	9月	10月	11月	12月	
1964						317	268	256	324	170	161	95	
1965	161	98	136	143	241	325	357	328	235	165	199	170	214
1966	220	190	284	236	172	166	330	268	237	176	134	162	215
1967	315	150	129	167	155	260	365	313	192	220	119	129	210
1968	179	112	146	197	163	290	416	244	204	202	163	101	202
1969	129	150	133	218	261	338	275	346	190	173	146	143	209
1970	242	201	257	254	239	336	207	269	282	166	137	95	224
1971	110	145	199	180	214	305	320	235	220	201	157	155	204
1972	247	150	156	193	228	295	403	237	252	145	202	163	223
1973	211	210	180	157	228	249	293	239	202	104	115	90	190
1974	99	165	113	156	266	272	399	262	191	191	229	216	214
1975	268	145	179	201	254	423	279	319	217	206	190	149	236
1976	204	128	136	226	295	462	446	331	192	127	166	146	239
1977	72	220	370	270	268	325	327	286	226	187	123	129	234
1978	124	203	251	283	196	313	301	225	153	121	107	56	194
1979	38	41	118	208	184	213	221	180	165	121	106	141	145
1980	126	70	179	209	238	319	237	190	152	197	123	89	178
1981	67	147	132	185	164	222	294	138	148	113	104	117	152
1982	112	79	98	161	167	132	235	239	172	136	148	125	151
1983	147	132	154	203	280	171	206	223	221	190	133	124	182
1984	116	171	137	201	141	240	231	169	205	150	111	115	165
1985	67	104	164	129	196	295	283	252	161	136	95	59	162
1986	123	104	174	278	252	301	378	211	229	163	164	197	215
1987	155	307	232	300	271	302	289	278	222	203	164	170	240
1988	61	138	133	214	216	191	245	152	138	141	191	136	163
1989	266	222	242	229	363	500	336	239	230	248	199	136	268
1990	195	212	298	278	329	390	268	256	324	170	161	95	248
多年													203

表 2-4　Coca en San Rafael 站月平均流量　　　　　　（单位：m³/s）

年份	月平均流量												年
	1 月	2 月	3 月	4 月	5 月	6 月	7 月	8 月	9 月	10 月	11 月	12 月	
1964						490	412	394	502	268	254	150	
1965	255	155	215	226	371	503	556	508	363	261	310	268	334
1966	341	297	437	364	271	263	511	412	365	277	212	257	334
1967	487	237	205	264	245	401	569	484	300	340	188	205	328
1968	282	178	231	307	258	447	655	376	317	314	258	160	316
1969	204	237	211	336	402	524	423	537	297	273	232	226	326
1970	373	312	395	391	368	522	322	414	435	263	217	151	346
1971	174	229	310	283	331	471	495	361	340	313	249	246	317
1972	380	237	247	301	351	454	633	372	395	239	321	264	350
1973	335	333	289	256	360	390	454	375	322	179	194	158	304
1974	171	267	192	255	415	423	608	409	306	305	361	342	338
1975	417	239	288	320	397	644	434	492	344	328	304	244	372
1976	325	213	225	356	457	701	677	509	307	212	269	240	375
1977	132	347	566	420	417	501	503	444	356	300	206	215	367
1978	208	323	393	440	313	483	466	338	296	323	193	133	325
1979	82	86	227	363	310	379	402	320	279	202	183	225	256
1980	222	124	350	334	372	547	368	282	228	282	205	125	287
1981	105	209	198	256	241	327	563	331	242	190	198	212	256
1982	201	153	243	323	364	310	442	400	282	204	233	193	280
1983	241	216	246	332	461	264	332	358	353	301	232	219	297
1984	213	285	236	317	242	390	366	279	318	242	211	211	275
1985	154	214	307	238	317	492	443	426	285	244	189	145	288
1986	171	139	262	375	329	430	578	315	334	247	248	326	314
1987	243	316	365	464	422	467	448	432	351	323	266	275	365
1988	116	228	221	339	342	305	384	249	228	233	305	225	265
1989	415	351	380	361	556	756	517	375	362	389	317	225	417
1990	311	336	461	432	507	595							385
多年													324

Coca en San Rafael 站 1964 年 6 月至 1972 年 7 月月平均流量由 Quijos en Baeza 站插

值所得(见图 2-4),公式如下:

$$Q_{SanR} = 6.785 \times Q_{Baeza} + 0.571 \quad (Q_{Baeza} < 40)$$

$$Q_{SanR} = -0.000\,087\,6 \times Q_{Baeza}^3 + 0.030\,85 \times Q_{Baeza}^2 + 3.839 \times Q_{Baeza} + 74.48 \quad (Q_{Baeza} \geqslant 40)$$

Coca en San Rafael 站 1987 年 3 月至 1990 年 6 月月平均流量由 Quijos AJ Bombón 站插值所得(见图 2-5),公式如下:

$$Q_{SanR} = 1.457 \times Q_{Bombón} + 27.14$$

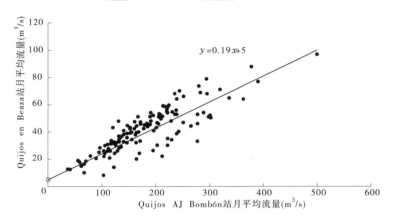

图 2-2 Quijos AJ Bombón 站与 Quijos en Beaza 站月平均流量相关关系
(1978 年 8 月至 1987 年 1 月)

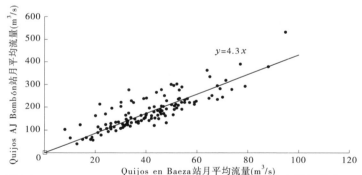

图 2-3 Quijos AJ Bombón 与 Quijos en Beaza 站月平均流量相关关系
(1978 年 8 月至 1987 年 1 月)

由于首部引水枢纽坝址距 Coca en San Rafael 站较近,面积相差仅 5%,因此采用径流比例系数 k 推求坝址径流:

$$Q_{坝址} = k \times Q_{sanR} \tag{2-3}$$

采用流域面积与实测平均流量(1979~1986 年系列)相关关系(见图 2-6)分析,求得首部引水枢纽坝址 1979~1986 年平均流量为 265 m³/s,Coca en San Rafael 站年平均流量为 282 m³/s,坝址与 Coca en San Rafael 站径流比例系数 $k=0.941$,由此得出坝址 1964 年 6 月至 1990 年 6 月的月、年径流系列,年平均流量为 296 m³/s。

将插补的坝址径流系列与上游 Quijos AJ Borja 站实测年降雨量系列建立相关关系,

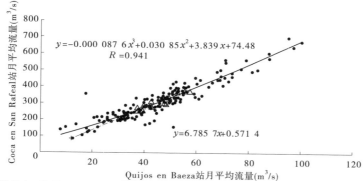

图 2-4 Quijos en Baeza 站与 Coca en San Rafael 站月平均流量相关关系
（1972 年 8 月至 1987 年 1 月）

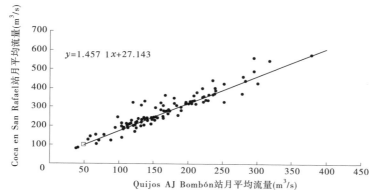

图 2-5 Quijos AJ Bombón 站与 Coca en San Rafael 站月平均流量相关关系
（1978 年 8 月至 1987 年 1 月）

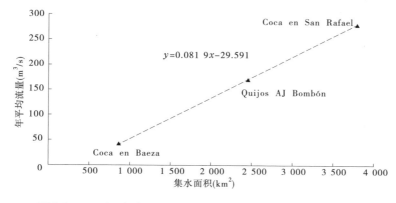

图 2-6 Coca 河流域面积—年平均流量关系（1979~1986 年）

两站丰枯变化较为一致（见图 2-7），说明插补成果是合理的。

2009 年意大利 ELC-Electroconsult 咨询公司编制的可行性研究报告中，采用了坝址 1972~2006 年月径流系列，其中 1972~1990 年为 Coca en San Rafael 站、Quijos AJ Bombón 站插补，1991 年~2006 年为随机模型插补延长。

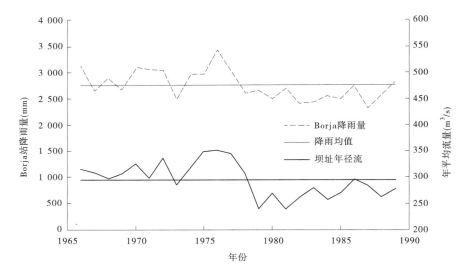

图 2-7　坝址径流与 Borja 站降雨量丰枯变化对比

设计径流系列的选择,考虑了两种方案:

方案一:1965~1990 年系列;

方案二:1965~2006 年系列(增加 1991~2006 年的延长系列)。

各阶段及概念设计径流系列特征值见表 2-5。因两个方案计算成果相差较小,在 2% 以内。因此,本次采用较长的 1965~2006 年系列(见表 2-6)。

表 2-5　各阶段及本次设计首部引水枢纽径流系列特征值　　　(单位:m³/s)

年平均流量 特征值	2009 年可研报告	本次分析	
	1972~2006 年系列	1965~1990 年系列	1965~2006 年系列
平均	281	296	291
最大	352	352	352
最小	240	217	

表 2-6　首部引水枢纽坝址月平均流量　　　(单位:m³/s)

年份	1 月	2 月	3 月	4 月	5 月	6 月	7 月	8 月	9 月	10 月	11 月	12 月	年
1964						461.1	388.2	371.1	472.4	252.4	239.1	141.3	
1965	239.7	145.6	202.5	212.6	349.6	473.2	523.3	478.6	341.3	245.8	291.5	252.6	314.2
1966	320.6	279.2	411.1	342.5	255.5	247.5	481.1	387.8	343.4	260.6	199.4	242.0	314.9
1967	458.5	223.6	192.6	248.8	231.0	377.1	535.4	455.5	282.3	320.1	176.6	192.6	308.9
1968	265.5	167.1	217.9	289.3	243.3	421.2	617.0	353.6	298.4	295.2	242.8	150.5	297.4
1969	192.4	222.8	198.3	316.7	378.3	493.5	398.2	505.7	279.1	256.6	218.1	213.0	306.5

续表 2-6

年份	1月	2月	3月	4月	5月	6月	7月	8月	9月	10月	11月	12月	年
1970	350.7	293.4	371.7	367.8	346.3	491.1	302.7	389.6	409.2	247.8	204.5	141.9	326.2
1971	164.1	215.8	292.0	266.4	311.4	443.6	465.7	340.2	319.9	294.4	234.1	231.4	298.7
1972	357.4	222.7	232.4	283.1	330.7	427.8	595.7	350.2	371.9	225.0	302.2	248.5	329.4
1973	315.4	313.5	272.1	241.0	338.9	367.2	427.4	353.0	303.1	168.5	182.6	148.7	285.9
1974	161.0	251.4	180.8	240.1	390.7	398.2	572.4	385.0	288.1	287.1	339.9	322.0	318.6
1975	392.6	225.0	271.1	301.3	373.8	606.3	408.6	463.2	323.9	308.8	286.2	229.7	349.9
1976	306.0	200.5	211.8	335.2	430.2	659.9	637.4	479.2	289.0	199.6	253.2	225.9	352.8
1977	124.3	326.7	532.9	395.4	392.6	471.7	473.5	418.0	335.2	282.4	193.9	202.4	345.9
1978	195.8	304.1	370.0	414.2	294.7	454.7	438.7	318.2	278.7	304.1	181.7	125.2	306.4
1979	77.2	81.0	213.7	341.7	291.8	356.8	378.5	301.3	262.7	190.2	172.3	211.8	240.7
1980	209.0	116.7	329.5	314.4	350.2	515.0	346.4	265.5	214.6	265.5	193.0	117.7	270.2
1981	98.9	196.8	186.4	241.0	226.9	307.8	530.0	311.6	227.8	178.9	186.4	199.6	241.4
1982	189.2	144.0	228.8	304.1	342.7	291.8	416.1	376.6	265.5	192.1	219.1	181.7	263.5
1983	226.9	203.4	231.6	312.6	434.0	248.5	312.6	337.0	332.3	283.4	218.4	206.2	279.5
1984	200.5	268.3	222.2	298.4	227.8	367.2	344.6	262.7	299.4	227.8	198.6	198.6	259.3
1985	145.0	201.5	289.0	224.1	298.4	463.2	417.1	401.1	268.3	229.7	177.9	136.5	271.4
1986	161.0	130.9	246.7	353.0	309.7	404.8	544.2	296.6	314.4	232.5	233.5	306.9	295.5
1987	223.5	496.4	281.0	342.5	315.2	364.8	344.2	326.0	235.7	205.5	145.6	155.8	284.8
1988	108.4	225.1	217.5	341.0	345.2	305.6	390.3	246.7	225.6	229.6	305.7	211.3	262.5
1989	269.4	193.7	232.5	211.6	433.8	671.4	387.4	227.6	214.6	238.6	166.6	82.7	277.8
1990	168.9	186.4	327.0	291.4	374.1	473.3	388.8	280.2	314.9	219.1	202.8	230.3	288.6
1991	170.9	245.7	172.8	201.9	341.7	422.1	541.3	219.9	300.7	253.9	237.9	115.7	268.7
1992	103.4	181.2	272.4	352.9	266.8	444.8	381.3	339.4	281.5	207.9	210.5	200.1	270.1
1993	173.3	154.6	335.4	329.0	310.2	522.7	462.5	275.9	351.3	287.7	234.1	200.1	303.7
1994	139.6	175.4	221.5	309.1	400.3	487.5	417.0	468.2	387.8	252.9	287.0	313.3	322.3
1995	173.6	88.0	174.0	128.9	205.0	295.6	368.7	295.3	205.0	200.2	274.4	188.4	217.4
1996	168.9	293.8	221.5	276.3	371.0	382.3	380.2	362.2	340.8	219.2	178.9	179.8	281.0
1997	153.4	243.5	247.2	226.8	526.2	352.0	527.1	384.5	260.4	192.3	259.4	216.4	299.8
1998	193.5	230.5	235.6	413.6	389.9	271.3	260.5	376.9	261.8	209.3	386.0	246.1	289.7
1999	234.1	233.3	346.8	273.3	352.7	373.8	464.0	439.6	299.0	282.8	145.6	211.0	305.6
2000	191.7	222.6	165.6	328.4	463.4	413.9	343.2	349.0	300.7	288.5	192.0	239.7	291.7

续表 2-6

年份	1月	2月	3月	4月	5月	6月	7月	8月	9月	10月	11月	12月	年
2001	175.1	168.9	226.1	302.2	256.4	364.8	345.0	324.3	228.1	172.2	180.3	240.2	249.1
2002	181.1	240.3	192.7	367.9	389.3	439.2	497.0	361.8	379.0	241.0	222.8	168.9	306.8
2003	219.0	224.3	188.1	251.5	481.1	299.8	365.9	293.5	275.7	346.4	214.4	274.3	287.0
2004	144.9	103.1	411.6	284.9	499.9	550.6	365.9	324.4	274.4	197.3	151.6	187.5	292.1
2005	156.4	359.2	410.2	371.8	309.8	469.2	346.0	279.4	279.1	162.4	231.2	144.6	292.2
2006	275.3	272.2	282.4	273.9	330.5	421.3	266.6	214.2	206.9	158.6	136.3	267.0	258.6
平均	209.0	221.0	263.0	298.0	346.0	419.0	429.0	348.0	292.0	240.0	221.0	204.0	291.1

2.3.2 首部引水枢纽径流频率分析方法

对坝址年径流系列进行统计,分析中应用 P-Ⅲ型曲线,频率曲线见图 2-8,参数估计采用以下三种方法。

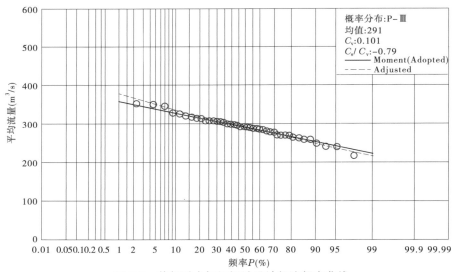

图 2-8 首部引水枢纽坝址设计径流频率曲线

2.3.2.1 矩法估计参数

参数的初始值(均值、C_v、C_s)采用矩法估计,n 年系列的参数计算公式如下:

均值(一阶矩)

$$\overline{X} = \frac{1}{n} \times \sum_{i=1}^{n} X_i \qquad (2-4)$$

均方差(第二中心距)

$$S = \sqrt{\frac{1}{n-1}\left[\sum_{i=1}^{n} X_i^2 - \frac{1}{n} \times \left(\sum_{i=1}^{n} X_i\right)^2\right]} \qquad (2-5)$$

变差系数

$$C_v = \frac{S}{\overline{X}} \qquad (2\text{-}6)$$

偏态系数(与三阶中心距相关)

$$C_s = \frac{n \times \sum\limits_{i=1}^{n} (X_i - \overline{X})^3}{(n-1) \times (n-2) \times \overline{X}^3 \times C_v^3} \qquad (2\text{-}7)$$

式中　$\overline{X}$——均值;

　　　C_v——变差系数;

　　　C_s——偏态系数;

　　　X_i——变量,$i = 1, 2, \cdots, n$;

　　　n——系列长度。

根据上述公式,计算参数如下:

$$\overline{X} = 291 \ \mathrm{m^3/s}, C_v = 0.101, C_s = -0.08$$

2.3.2.2　适线法估计参数(目估定线)

测站记录的参数(C_v、C_s)对于极值事件是很敏感的,因此很难从小样本中得到精确的偏态系数估值,矩法估算的参数常常小于真值。所以,本次设计利用适线法进行参数估计。

经验频率公式采用 Weibull 公式:

$$P_m = \frac{m}{n+1} \qquad (2\text{-}8)$$

式中　n——系列长度;

　　　m——排序。

调整参数使频率曲线与点距拟合(特别是频率大于 50% 的点)。一般参数 $K(C_s/C_v)$ 会在一个合理的范围内调整(平均流量系数的 K 值一般多为 1.5~4)。本次通过观察点距的分布情况,调整参数如下:

经验观察法:

$$\overline{X} = 291 \ \mathrm{m^3/s}, C_v = 0.12, C_s = 2C_v = 0.24$$

2.3.2.3　适线法估计参数(φ_1 准则和 φ_2 准则)

适线准则主要有两个:

(1)φ_1(离差平方和)准则;

(2)φ_2(离差绝对值和)准则。

根据式(2-9)、式(2-10),调整参数(C_v、C_s)使离差平方和(或离差绝对值)最小。

$$\varphi_1(\overline{X}, C_v, C_s) = \sum_{i=1}^{n} \Delta X_i^2 = \sum_{i=1}^{n} (X_i^* - X_i^0)^2 \qquad (2\text{-}9)$$

$$\varphi_2(\overline{X}, C_v, C_s) = \sum_{i=1}^{n} |\Delta X_i| = \sum_{i=1}^{n} |X_i^* - X_i^0| \qquad (2\text{-}10)$$

式中 $\varphi_1(\overline{X}, C_\mathrm{v}, C_\mathrm{s})$——离差平方和；

$\varphi_2(\overline{X}, C_\mathrm{v}, C_\mathrm{s})$——离差绝对值和；

X_i^*——点距纵坐标；

X_i^0——点距在频率曲线上对应的设计值。

根据两准则估算的参数如下：

最小离差平方和准则：$\overline{X} = 291\ \mathrm{m^3/s}$，$C_\mathrm{v} = 0.106$，$C_\mathrm{s} = -0.086$；

最小离差绝对值和准则：$\overline{X} = 291\ \mathrm{m^3/s}$，$C_\mathrm{v} = 0.10$，$C_\mathrm{s} = -0.114$。

从表 2-7 和图 2-8 可以看出，初始曲线和调整曲线都能非常好地拟合点据，调整后的曲线对下部点距的拟合较好，而矩法估计的曲线对所有点距的拟合更好。对比不同方法的结果，相差较小，所以本次采用矩法估计的参数计算结果。

表 2-7　首部引水枢纽坝址设计径流成果

方法	统计参数			频率为 P(%)的设计年平均流量（$\mathrm{m^3/s}$）							ADS	SDS
	均值	C_v	$C_\mathrm{s}/C_\mathrm{v}$	5	10	25	50	75	90	95		
矩法（采用）	291	0.101	-0.79	339	329	311	292	272	253	242	99	589
经验观察	291	0.120	2.0	351	336	314	290	267	247	236	187	1 199
离差平方和准则	291	0.106	-0.81	341	330	312	292	271	251	240	109	476
离差绝对值和准则	291	0.100	-1.14	338	328	311	292	272	253	242	98	593

2.4　径流成果合理性分析

2.4.1　流域径流系数分析

由于流域内雨量站较为丰富，分布较不均匀，可采用泰森多边形（见图 2-9）计算流域内的各年平均降雨量（1978～1989 年），并根据坝址径流成果，计算各年径流系数，如表 2-8 所示。从表 2-8 中看出，多年平均径流系数约为 0.83，此值对于国内经验显然偏高，但工程位于南美洲热带山区，与我国降雨类型、降雨量、降雨强度、产汇流条件均有较大差异，因此需参照 Coca 河临近流域或相似地区进行比对。

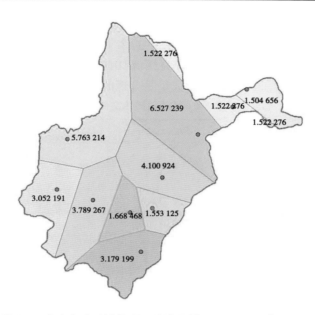

图 2-9　泰森多边形计算面平均降雨量(1978~1989 年)

表 2-8　Coca 河流域历年面平均降雨量、径流深及径流系数

年份	面雨量(mm)	径流量(亿 m³)	径流深(mm)	径流系数
1978	2 813	306.8	2 688	0.96
1979	2 739	239.6	2 099	0.77
1980	2 882	269.1	2 357	0.82
1981	2 952	239.6	2 099	0.71
1982	2 923	261.5	2 291	0.78
1983	2 896	279.5	2 448	0.85
1984	2 873	257.7	2 257	0.79
1985	2 853	270.8	2 372	0.83
1986	2 978	295.6	2 589	0.87
1987	2 649	284.8	2 495	0.94
1988	2 808	261.9	2 294	0.82
1989	2 825	277.7	2 433	0.86
多年平均	2 849	270.4	2 369	0.83

2.4.2　临近流域径流系数

根据对该地区下垫面的初步认识,坝址以上流域属于山区地带,地形起伏变化较大,植被较丰富,厄瓜多尔本国的 Guayas 流域支流 Quevedo 河 Quevedo en Quevedo 站,距离坝

址仅 200 km,流域面积、下垫面均与其类似(见表 2-9)。根据联合国水文科学协会 (IAHS) 出版的《世界最大实测洪水记录》中的多年平均流量和降雨量,推求该站径流系数约为 0.8。本流域与其下垫面条件较为相似,山区比例更高,因此其径流系数 0.83 与之相比,较为接近,本次推求的径流量成果是合理的。

表 2-9 临近流域水文站特征值

流域	Guayas	Napo
河流	Quevedo	Coca
站点名称	Quevedo en Quevedo	Coca en San Rafael
站点位置	S 1°1′,W 79°37′	S 0°7′,W 77°35′
流域面积(km²)	3 510	3 790
流域坡度	山区占 60%,丘陵占 40%	山区占 70%,丘陵占 40%
土壤	喀斯特强透水层占 60%,高透水层占 40%	—
植被	茂密森林占 70%,耕地占 30%	茂密森林占 90%,草地占 10%
气候	热带雨林气候	热带雨林气候
降雨量(mm)	2 600	2 849
平均流量(m³/s)	229.0	291.0
径流系数	0.79	0.83

2.5 首部引水枢纽设计月径流

2.5.1 设计典型年径流年内分配

径流年内分配采用典型年法。从坝址 1973~1985 年(Coca en San Rafael 站有实测资料年份)年径流中选择与各频率设计径流成果接近的年份,且年内过程对径流调节偏不利,同倍比缩放后,计算得到坝址设计典型年年内分配成果,见表 2-10。

表 2-10 首部引水枢纽坝址设计典型年径流年内分配成果 （单位:m³/s）

频率	典型年	1 月	2 月	3 月	4 月	5 月	6 月	7 月	8 月	9 月	10 月	11 月	12 月	年
10%	1976	291	191	202	319	410	628	607	457	275	190	241	215	336
25%	1974	159	248	178	236	385	392	564	379	284	283	335	317	314
50%	1986	157	128	239	356	308	395	532	290	307	227	228	300	290
75%	1982	192	146	232	308	347	296	422	382	268	195	222	184	267
90%	1979	78.9	83	219	351	300	366	388	309	269	195	177	217	247

2.5.2 设计月径流

依据坝址月流量资料系列进行统计,分别采用经验频率法与频率曲线法两种方法,详述如下。

2.5.2.1 经验频率法

经验频率法对逐月的历年月流量值进行排频,采用 Weibull 公式分析计算各年的当月流量的经验频率,插值得到 10%、20%、80% 保证率的月平均流量(见表 2-11)。

$$P_m = \frac{m}{n+1}$$

表 2-11 首部引水枢纽坝址设计月径流(经验频率法)

频率	设计月径流(m^3/s)											
	1月	2月	3月	4月	5月	6月	7月	8月	9月	10月	11月	12月
10%	342	311	399	371	455	542	564	467	366	301	299	272
20%	272	275	332	347	396	489	528	408	337	287	265	244
80%	150	162	196	241	282	334	346	280	251	195	179	150

2.5.2.2 频率曲线法

计算采用 P-Ⅲ 型曲线适线,各月频率曲线图见图 2-10~图 2-12,坝址设计月径流成果见表 2-12。

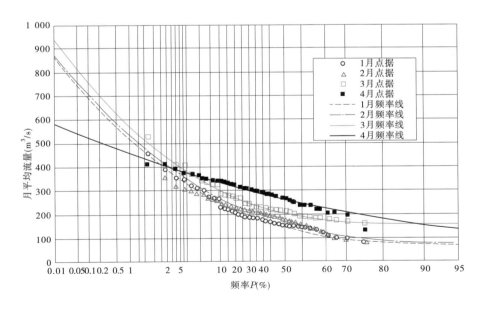

图 2-10 首部引水枢纽坝址设计月平均流量频率曲线(1~4月)

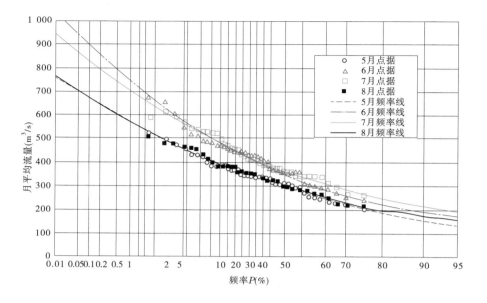

图 2-11　首部引水枢纽坝址设计月平均流量频率曲线(5~8 月)

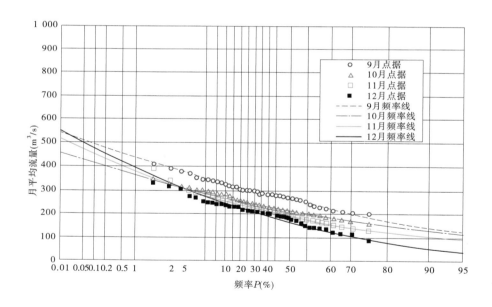

图 2-12　首部引水枢纽坝址设计月平均流量频率曲线(9~12 月)

表 2-12　首部引水枢纽坝址设计月径流(频率曲线法)　　(单位:m³/s)

频率	1月	2月	3月	4月	5月	6月	7月	8月	9月	10月	11月	12月
均值	209	221	264	298	346	419	429	348	292	240	221	204
C_v	0.46	0.44	0.34	0.20	0.24	0.27	0.23	0.23	0.19	0.19	0.25	0.33
C_s/C_v	3	3	5	2.5	2.5	3	3	3	2	2.5	3	2
10%	338	351	383	377	456	570	560	455	365	300	295	294
20%	277	291	323	346	412	507	507	411	337	277	264	257
25%	257	270	304	335	397	485	488	396	327	268	254	245
50%	188	200	240	293	338	404	418	339	288	236	214	197
75%	138	150	199	256	286	337	358	290	253	208	181	155
80%	129	140	191	247	275	322	344	279	245	201	174	146
90%	108	118	177	226	246	287	312	253	224	184	156	124

2.6　枯水径流分析

根据水电站设计要求,需说明实测站枯水流量及持续时间,历史枯水调查情况,分析枯水径流。枯水径流的计算方法与设计时段洪量计算方法类似,均采用实测资料,统计逐年实测流量中的时段最枯值(见表 2-13),进行排频分析计算。

统计得到的首部引水枢纽坝址 1972 年 8 月至 1991 年 7 月的最小 1 d、3 d、7 d、15 d、30 d、120 d 平均流量,列于表 2-13。采用 P-Ⅲ型曲线来分析坝址枯水径流。坝址设计枯水流量成果见表 2-14 及图 2-13。

表 2-13　取水首部引水枢纽坝址枯水流量统计

年份	平均最枯流量(m³/s)					
	1 d	3 d	7 d	15 d	30 d	120 d
1972~1973	116.8	131.3	138.3	163.5	211.5	265.2
1973~1974	99.5	102.3	110.0	126.0	141.3	161.8
1974~1975	142.8	147.0	164.8	193.9	217.8	278.8
1975~1976	120.5	124.7	126.8	147.8	191.5	234.7
1976~1977	93.9	98.2	108.6	112.9	119.9	195.3
1977~1978	92.2	95.7	101.4	111.7	131.3	207.5
1978~1979	53.4	55.6	62.1	67.2	71.9	108.4

续表 2-13

年份	平均最枯流量（m³/s）					
	1 d	3 d	7 d	15 d	30 d	120 d
1979~1980	77.5	80.5	86.9	90.1	103.7	175.6
1980~1981	77.5	78.4	79.4	87.5	97.9	141.7
1981~1982	105.7	110.1	118.5	124.6	138.7	175.9
1982~1983	99.3	102.4	104.7	134.2	140.1	201.0
1983~1984	129.3	130.5	140.4	161.6	198.8	220.4
1984~1985	94.6	95.1	105.3	120.6	135.6	182.4
1985~1986	92.3	93.8	95.7	110.3	128.4	151.7
1986~1987	108.6	112.5	119.2	156.9	208.2	249.0
1987~1988	70.4	75.0	78.1	85.5	100.2	151.2
1988~1989	116.2	120.6	121.3	134.5	164.0	218.7
1989~1990	52.3	54.1	57.2	59.4	62.8	145.2
1990~1991	90.6	98.4	108.8	125.0	156.4	187.6

注：资料统计采用水文年（7月1日至次年6月30日）。

表 2-14　CCS 首部引水枢纽坝址设计枯水流量

历时			1 d	3 d	7 d	15 d	30 d	120 d
参数	均值	矩法	96.5	100.3	106.7	121.7	143.2	192.2
		建议采用	96.5	100.3	106.7	121.7	143.2	192.2
	C_v	矩法	0.25	0.25	0.25	0.28	0.32	0.23
		建议采用	0.32	0.32	0.31	0.30	0.29	0.27
	C_s/C_v	矩法	-0.58	-0.64	0.22	0.26	0.34	1.02
		建议采用	1.5	1.5	1.5	1.5	1.5	1.5
频率为 P（%）的设计枯水流量（m³/s）	99		179	186	195	218	253	328
	95		151	157	165	186	216	283
	90		137	143	150	170	198	261
	75		116	120	127	145	169	225
	50		94	98	104	119	140	189
	25		75	77	83	96	114	156
	10		59	61	66	77	92	128
	5		50	52	57	67	80	113
	1		36	37	41	49	60	87

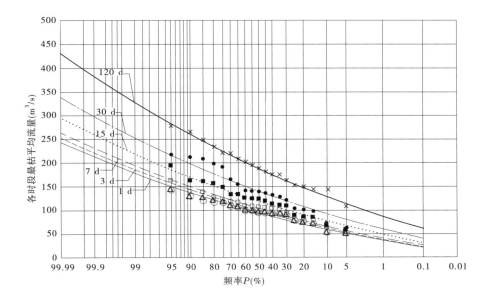

图 2-13　CCS 首部引水枢纽坝址设计枯水流量频率曲线

第 3 章

洪水分析

3.1　暴雨洪水特性

Coca 河流域洪水由暴雨产生,降雨类型为地形雨—对流雨的复合形式。东北信风、东南信风从南北赤道暖流带来了丰沛的暖湿气流,在安第斯山脉东麓,受地形作用抬升,在迎风坡面一定高程范围内形成大量的降雨。因此,降雨与地形条件关系密切,流域下游地形坡度较大的地区降雨强度大且频繁,流域上游高海拔地区降雨量和降雨强度均较小。

日照作用对亚马孙流域的蒸发所形成的对流天气,是流域内降雨的另一因素,降雨的日周期性也较为明显,每日午后高强度暴雨频发。

从水文站洪水资料知,年最大洪峰流量发生时间不定,2 月至 11 月底均有发生,但总体上以 6 月、7 月居多,占总年份的 50% 以上。

Coca 河流域植被较好,但由于地处山区,汇流速度较快,集水面积不大,洪水历时一般在 3 d 以内。

3.2　设计洪水方法及成果

本工程位于 Reventador 火山附近,地震活动频繁。由地震诱发的库区山体滑坡、堰塞湖溃决造成的灾害性洪水,可能超过由暴雨引发的洪水。原设计调查发现,1987 年 3 月的大地震,造成了大量松散的山体覆盖层涌入河道,这样强度的山体滑坡,会对首部引水枢纽溢流坝造成 15 000~20 000 m^3/s 的出库洪峰流量。在 ELC 可研阶段(B 阶段)成果中,采用了 15 000 m^3/s 作为首部引水枢纽溢流坝的灾害流量。对于该洪水流量,由地震诱发的洪水灾害具有较强的危害性和不确定性,在基本设计中灾害性洪水仍沿用原设计成果,仅对设计洪水进行了复核。

3.2.1　水文站洪水系列插补与延长

根据 1979~1987 年 Quijos AJ Bombón 站与 Coca en San Rafael 站最大洪峰流量相关关系(见图 3-1),插补 Coca en San Rafael 站 1988~1990 年洪峰流量和 Quijos AJ Bombón 站 1972~1978 年洪峰流量(见表 3-1),组成了两水文站 1972~1990 年 19 年的洪峰系列。

3.2.2　水文站参数估计

分别用 Gumbel 曲线和 P-Ⅲ型曲线对 Quijos AJ Bombón 站与 Coca en San Rafael 站洪峰流量系列进行适线。估计分别采用参数估计法、经验适线法,以及离差平方和准则及离差绝对值与准则适线。具体如下。

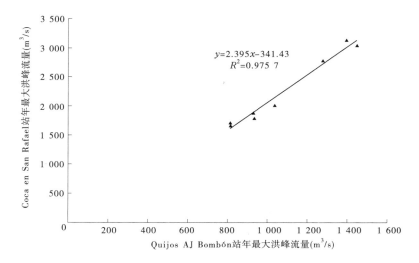

图 3-1　Quijos AJ Bombón 站、Coca en San Rafael 站洪峰流量相关关系线(1979~1987 年)

注:1982 年两站不是同一场洪水,因此将该点舍去。

表 3-1　洪峰系列及其插补延长成果　　　　　　　　　　(单位:m³/s)

年	发生日期		Coca en San Rafael 站	Quijos AJ Bombón 站
	月	日		
1972	7	27	2 417	(1 150)
1973	7	6	1 983	(973)
1974	7	7	4 654	(2 061)
1975	7	18	2 128	(1 032)
1976	6	8	3 241	(1 486)
1977	3	6	2 392	(1 140)
1978	6	6	2 607	(1 227)
1979	11	27	1 707	814
1980	6	27	2 007	1 037
1981	7	4	3 040	1 447
1982	5	27	1 991	628
1983	5	2	1 662	815
1984	9	22	1 874	927
1985	5	24	1 787	932
1986	7	22	2 774	1 276
1987	2	20	3 122	1 397
1988	5	26	(4 178)	1 887
1989	7	6	(4 164)	1 881
1990	6	11	(4 702)	2 106

注:括号中为相关关系插补。

3.2.2.1　参数估计法

参数的初始值(均值、C_v、C_s)采用矩法估计,结果列于表 3-2。

3.2.2.2　经验适线法

经验频率公式采用 Weibull 公式。通过观察点据的分布,调整参数使频率曲线更接近最大的洪水点据,经验适线法估计的参数列于表 3-2。

3.2.2.3　离差平方和准则及离差绝对值与准则适线

适线准则主要有两个:最小离差平方和准则、最小离差绝对值和准则。

调整参数 C_v、C_s,分别使离差平方和与离差绝对值和达到最小,根据两准则估计的参数列于表 3-2。

表 3-2　不同方法频率曲线的离差平方和(φ_1)与离差绝对值和(φ_2)

水文站	分布	方法	参数			φ_1	φ_2
			均值	C_v	C_s/C_v		
Coca en San Rafael	Gumbel	参数估计法(矩法)	2 759	0.365		1 238 439	3 353
		经验适线法	2 759	0.38		1 104 557	3 182
		最小离差平方和准则	2 759	0.418		963 637	3 321
		最小离差绝对值和准则	2 759	0.39		1 039 705	3 167
		采用值	2 759	0.38		1 104 557	3 182
	P-Ⅲ	参数估计法(矩法)	2 759	0.365	2.4	1 152 920	3 340
		经验适线法	2 759	0.38	4	956 579	2 541
		最小离差平方和准则	2 759	0.422	3.55	777 940	2 687
		最小离差绝对值和准则	2 759	0.393	4.16	899 221	2 471
		采用值	2 759	0.38	4	956 579	2 541
Quijos AJ Bombón	Gumbel	参数估计法(矩法)	1 293	0.322		200 916	1 360
		经验适线法	1 293	0.34		171 466	1 226
		最小离差平方和准则	1 293	0.37		152 227	1 303
		最小离差绝对值和准则	1 293	0.34		171 466	1 226
		采用值	1 293	0.34		171 466	1 226
	P-Ⅲ	参数估计法(矩法)	1 293	0.322	2.6	189 095	1 392
		经验适线法	1 293	0.34	4	146 295	1 052
		最小离差平方和准则	1 293	0.371	3.78	126 417	1 066
		最小离差绝对值和准则	1 293	0.349	4.83	150 477	987
		采用值	1 293	0.34	4	146 295	1 052

表 3-2 显示了不同方法频率曲线的离差绝对值和、离差平方和。根据比较,两准则法估计的参数曲线均优于矩法参数曲线,且与经验适线法的参数非常接近。经综合分析,采用经验适线法所得参数作为设计参数进行设计。

3.2.3 水文站设计洪水

设计洪水成果列于表 3-3、图 3-2~图 3-5,Gumbel 曲线适线成果和 P-Ⅲ型曲线适线成果较为接近(相差 5% 以内),且后者略大于前者。对于本流域热带气候条件下,洪水主要由地形雨结合对流雨形成,其偏态系数 C_s 应较小(相对于大陆性气候和季风性气候),因此 Gumbel 分布更适合于本流域的实际情况,故设计采用 Gumbel 分布的计算成果。

表 3-3 水文站设计洪水成果比较

水文站	面积 (km²)	分布曲线	参数				重现期为 n(年) 的洪峰流量 (m³/s)						
			均值	C_v	C_s	C_s/C_v	10	50	100	200	500	1 000	10 000
Quijos AJ Bombón	2 448	Gumbel	1 293	0.34	1.139	—	1 864	2 431	2 673	2 919	3 225	3 465	4 251
		P-Ⅲ	1 293	0.34	1.36	4	1 881	2 475	2 720	2 961	3 274	3 508	4 272
Coca en San Rafael	3 790	Gumbel	2 759	0.38	1.139	—	4 123	5 475	6 052	6 638	7 368	7 940	9 817
		P-Ⅲ	2 759	0.38	1.52	4	4 157	5 644	6 264	6 876	7 676	8 276	10 245

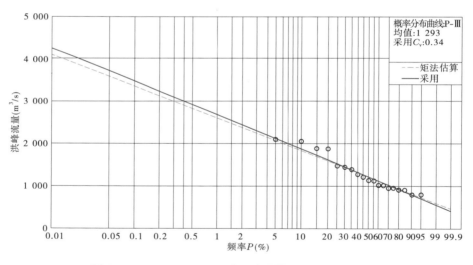

图 3-2 Quijos AJ Bombón 站洪峰流量 Gumbel 频率曲线

3.2.4 首部引水枢纽坝址和厂房处设计洪水成果

根据坝址上、下游 Quijos AJ Bombón 站与 Coca en San Rafael 水文站设计频率洪水成果,建立上、下游设计洪峰—集水面积相关关系(见图 3-6),求得洪峰面积指数为 1.8~1.9。在坝址、厂址处的设计洪水,采用 Coca en San Rafael 站设计洪水乘以面积比的 1.9 次方计算,见式(3-1)、式(3-2),成果见表 3-4。

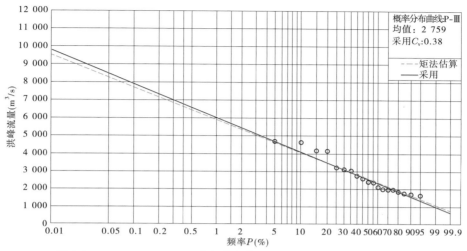

图 3-3　Coca en San Rafael 站洪峰流量 Gumbel 频率曲线($C_v = 0.38$)

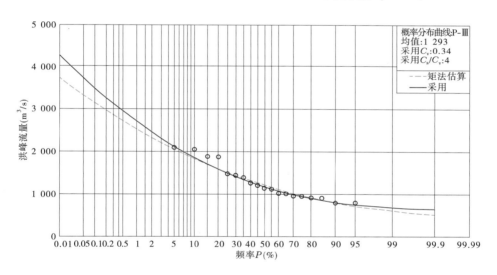

图 3-4　Quijos AJ Bombón 站洪峰流量 P-Ⅲ型频率曲线

$$Q_{\text{坝址}} = (F_{\text{坝址}}/F_{\text{SanR}})^{1.9} \cdot Q_{\text{SanR}} \qquad (3\text{-}1)$$

$$Q_{\text{厂址}} = (F_{\text{厂址}}/F_{\text{SanR}})^{1.9} \cdot Q_{\text{SanR}} \qquad (3\text{-}2)$$

式中　$F_{\text{坝址}}$ ——坝址控制流域面积,km^2;

　　　$F_{\text{厂址}}$ ——厂址控制流域面积,km^2;

　　　F_{SanR} —— Coca en San Rafael 站控制流域面积,km^2;

　　　$Q_{\text{坝址}}$ ——坝址洪峰流量,m^3/s;

　　　$Q_{\text{厂址}}$ ——厂址洪峰流量,m^3/s;

　　　Q_{SanR} —— Coca en San Rafael 站洪峰流量,m^3/s。

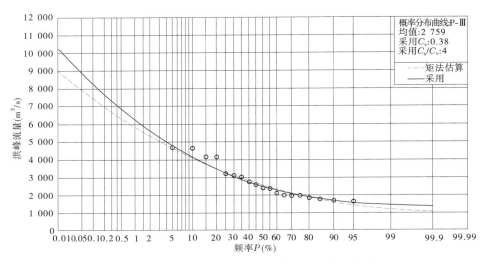

图 3-5　Coca en San Rafael 站洪峰流量 P-Ⅲ型频率曲线

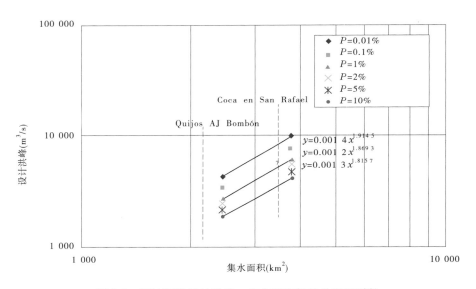

图 3-6　坝址河段设计洪峰—集水面积相关关系双对数

表 3-4　坝址及厂房设计洪水成果比较

断面	集水面积（km²）	设计阶段	重现期为 n(年) 的设计洪峰流量(m³/s)							
			10	25	50	100	200	500	10 00	10 000
首部引水枢纽坝址	3 600	前期成果	3 200	—	4 200	4 600	—	—	6 000	7 500
		概念设计	3 770	4 550	5 120	5 680	6 240	6 960	7 510	9 290
		基本设计（采用）	3 740	4 430	4 970	5 490	6 020	6 680	7 200	8 900

续表 3-4

断面	集水面积 (km²)	设计阶段	重现期为 n(年)的设计洪峰流量(m³/s)							
			10	25	50	100	200	500	10 00	10 000
厂址	3 960	前期成果	—	—	—	—	—	—	—	—
		概念设计	4 520	5 450	6 130	6 810	7 470	8 340	9 000	11 100
		基本设计 (采用)	4 490	5 310	5 950	6 570	7 220	8 010	8 620	10 700

3.3　降雨径流模型分析

HEC-HMS 水文模型系统是美国陆军工程兵团水文工程中心降雨径流模型 HEC 的新一代软件产品。该系统在继承 HEC-1 的基础上,在水文过程模块和水力学参数计算方面做了进一步的改进。厄瓜多尔辛克雷水电站设计应用 HEC-HMS 水文模型系统,采用降雨径流法,由设计暴雨推求坝址设计洪水。

3.3.1　模型应用简介

HEC-HMS 3.2 模型系统由三套模式构成:流域模式、气象模式及控制运行模式。流域模式将流域中产汇流过程划分为降雨损失、直接径流、基流和河道汇流四个部分。气象模式包括降雨、蒸发、融雪资料的分析计算,并生成径流模拟所需的数据。控制运行模式是控制模型运算的起始时间和终止时间,以及计算的时间间隔。

应用 HEC-HMS 3.2 模型推求设计洪水主要包括下面几个步骤:

(1)建模。根据流域水文气象特征和下垫面特性,将流域划分为几个子流域,创建子流域、汇流节点和中下游洪水波演进河段,选定产汇流计算方法。

(2)根据流域实测暴雨洪水资料及下垫面特性分析,率定模型参数。

(3)收集流域出口断面和各汇流节点实测洪水过程及相应流域内暴雨过程,进行模型检验。

(4)假定雨洪同频。对暴雨资料进行分析,推求各子流域设计暴雨过程,作为模型输入。

(5)运行模型,得出出口断面设计洪水过程。

3.3.2　HEC-HMS 3.2 建模

3.3.2.1　子流域

将子流域划分为以下六块:Quijos Arriba(889 km²)、Cosanga(496 km²)、Oyacachi(702 km²)、Salado(923 km²)、Quijos int.1(294 km²)、Quijos int.2(296 km²)。

3.3.2.2　洪水波演进河段

洪水波演进分两个河段,河段一(int.1)为 Quijos 河与 Cosanga 河交汇处—Quijos 河和 Oyacachi 河交汇处;河段二(int. 2)为 Quijos 河和 Oyacachi 河交汇处—坝址断面。

流域分区水系图见图 3-7,HEC-HMS 3.2 模型计算结构框图见图 3-8。

图 3-7   Coca 河流域分区水系图

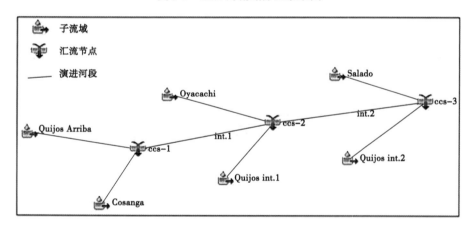

图 3-8   CCS 水电站 HEC-HMS 3.2 模型计算结构框图

3.3.2.3   产汇流计算方法及参数

HEC-HMS 3.2 模型产汇流计算采用的方法及相应参数见表 3-5,其中直接径流计算是影响设计洪水洪峰流量值的关键部分,本次选用了两种计算方法进行比较分析。

3.3.3   参数率定及模型检验

由于缺乏实测洪水过程及相应流域内暴雨过程,参数率定主要参考前期报告成果及收集到的少量暴雨洪水资料和流域特性资料。因无法对模型进行检验,本次对模型中几个敏感参数在合理范围内进行调整,计算多个方案,定性给出千年一遇、万年一遇设计洪水洪峰流量值的范围。表 3-6、表 3-7 是模型参数取值表。

表 3-5　HEC-HMS 3.2 模型产汇流计算采用的方法及相应参数

类别	采用方法	参数
降雨损失	初损后损法	初损(mm) 稳定下渗率(mm/h) 不透水面积(%)
直接径流	SCS 水文单位线	滞时(min)
	克拉克单位线	汇流时间(h) 槽蓄系数(h)
基流	衰减指数法	基流(m^3/s) 衰减指数 门槛值
河道汇流	马斯京根法	槽蓄系数 K(h) 流量比重系数 X 子河段数

表 3-6　HEC-HMS 3.2 模型产汇流计算方法及参数

类别	采用方法	参数	子流域或子河段					
			Cosanga	Quijos Arriba	Quijos int. 1	Quijos int. 2	Oyacachi	Salado
降雨损失	初损后损法	初损(mm)	25	25	25	25	25	25
		稳定下渗率(mm/h)	*					
		不透水面积(%)	0	0	0	0	0	0
直接径流	SCS 水文单位线	滞时(min)	*					
	克拉克单位线	汇流时间(h)	*					
		槽蓄系数(h)	*					
基流	衰减指数法	基流(m^3/s)	*					
		衰减指数	0.75	0.75	0.75	0.75	0.75	0.75
		门槛值	0.1	0.1	0.1	0.1	0.1	0.1

续表 3-6

类别	采用方法	参数	子流域或子河段					
			Cosanga	Quijos Arriba	Quijos int. 1	Quijos int. 2	Oyacachi	Salado
河道汇流	马斯京根法	子河段	int. 1			int. 2		
		槽蓄系数 $K(h)$	2.5			1.5		
		流量比重系数 X	0.4			0.4		
		子河段数	1			1		

注:表中"＊"的参数为敏感参数。

表 3-7 不同方案各敏感参数取值

参数	参数代码	子流域					
		Cosanga	Quijos Arriba	Quijos int. 1	Quijos int. 2	Oyacachi	Salado
稳定下渗率（mm/h）	A1	1.3	1.7	0.6	0.6	1.3	1.3
	A2	1.7	2.0	1.2	1.2	1.7	1.7
滞时(h)	B1	7	7	5	4	7	5
	B2	5.4	6	3.6	4.2	6	9
	B3	5.4	6	3.6	4.2	6	6
直接径流的槽蓄系数(h)	C1	5	4	5	5	4	4
	C2	4	3	4	4	3	3
基流（m³/s）	D	200	200	200	200	200	200

各参数取值说明：

（1）敏感参数。

①稳定下渗率 Constant rate(mm/h)。参考 SCS 推荐的参数取值表(见表 3-8),通过对本流域下垫面情况分析,该参数取值范围为 0~2.5 mm/h。根据各子流域地形地貌特征,分别取了两组参数值进行分析比较。

②SCS 水文单位线滞时 Lag Time(T_r)/汇流时间 Time of Concentration(T_c)。根据 SCS 建议, $T_r = 0.6T_c$ 。前期报告采用 SCS unithydrograph 法计算直接径流。本次除直接采用前期成果的参数(B1 方案)进行计算外,还通过分析 A 阶段绘制的全流域等流时线图 (见表 3-9、图 3-9),给出了另两组汇流参数。

表 3-8 土壤类型与稳定下渗率取值(SCS,1986;Skaggs and Khaleel,1982)

土壤分类	特性描述	稳定下渗率(mm/h)
A	厚厚的沙土或黄土层,泥沙淤积层 (Deep sand, deep loess, aggregated silts)	7.62~11.43
B	较薄的黄土层,沙壤土 (Shallow loess, sandy loam)	3.81~7.62
C	黏壤土,较薄的沙壤土层,含较少有机物 的土层,黏土含量较高的土层 (Clay loams, shallow sandy loam, soils low in organic content, and soils usually high in clay)	1.27~3.81
D	土壤蓬松、潮湿、重塑土,含盐量高 (Soils that swell significantly when wet, heavy plastic clays, and certain saline soils)	0~1.27

③流域槽蓄系数 Storage Coefficient(h)。收集到1983.5.2 场次洪水过程,结合地形地貌条件,通过对 19 830 502 次洪水过程线退水部分的分析,根据公式 $K = -Q_{下}/(\mathrm{d}Q_{下}/\mathrm{d}t)$,$K$ 取值范围为 3~5 h,本次给出了两组参数值。

④基流 Initial flow(m^3/s)。取 200 m^3/s。

表 3-9 Coca AJ Malo 站以上等流时线统计

分区序号	1	2	3	4	5	6	7	8	9a	9b	10	11
汇流时间(h)	1	2	3	3	4	4	5	5	6	6	7	7
分区序号	12	13	14	15	16	17	18	19a	19b	19c	20	21
汇流时间(h)	8	9	8	10	11	9	12	13	13	13	10	14
分区序号	22	23	24	25	26	27	28	29	30	31	32	33
汇流时间(h)	15	16	17	18	19	20	21	22	23	14	15	16
分区序号	34	35	36	37	38	39	40	41	42	43	44	45
汇流时间(h)	17	18	19	20	21	22	11	12	13	14	15	16
分区序号	46	47	48	49	50	51	52	53	54	55	56	57
汇流时间(h)	17	6	7	8	9	10	11	12	13	14	15	16

(2)非敏感参数。

初损 Initial loss(mm):本地一次暴雨过程不超过 24 h,通过扩展暴雨过程法,可削弱该参数对洪峰的影响,其参数取值大小只影响洪量。具体方法是:将暴雨过程扩展到 72 h(3 d 过程),最大 24 h 暴雨出现在第 3 天。通过调算,各子流域初损值都取为 25 mm 时,产汇流计算到第 3 天时,土壤已经全部饱和,48 h 径流系数为 0.6~0.7。

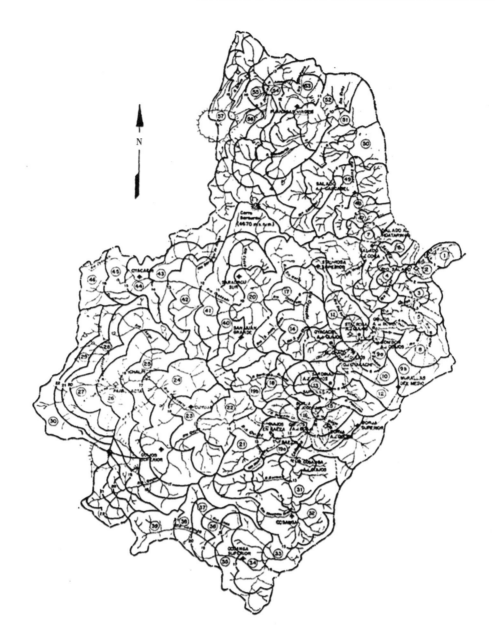

图 3-9 Coca AJ Malo 站以上等流时线图

不透水面积 Impervious(%)：该电站控制断面以上基本无人类活动影响,植被发育极好。

衰减指数 Recession Constant:退水曲线公式为 $Q_t = Q_0 \cdot C^t$,其中, C 为衰减指数。该参数只影响洪水退水过程,对洪峰值影响很小。通过 19 830 502 次洪水过程退水段分析,由 $C = Q_{t+1}/Q_t$ 求得, $C = 0.75$ 。

门槛值 Ratio to Peak:只影响退水段。直接径流计算结束,过程线形状由退水公式决定的起始点。

马斯京根法的槽蓄系数 Muskingum $K(h)$：A 阶段报告中，对 Quijos—Coca 河段及以上主要支流河段不同洪水波的传播速度进行了分析，其均值为 2.5 m/s，在地形图上量算子河段 int. 1、int. 2 的长度，求得两个河段洪水平均传播时间，从而确定参数取值。

马斯京根法的流量比重系数 Muskingum X：经验估算，大洪水时坦化程度小，且 X 在 0.3~0.5 之间取值，洪峰流量变化很小。这里折中考虑，取 0.4。

子河段数 Number of Sub reaches：河道汇流部分对洪峰值影响不大，因此不考虑对 int. 1、int. 2 再分子河段。

3.3.4　各子流域设计暴雨

采用 48 h 设计暴雨成果推求坝址设计洪水，48 h 过程最大 24 h 暴雨出现在第 25~48 h 时段，第 1~24 h 时段和第 25~48 h 时段设计暴雨采用同一分配方案，见表 3-10、表 3-11。各子流域 48 h 设计暴雨过程见表 3-12、表 3-13。

表 3-10　1 000 年一遇、10 000 年一遇最大 24 h 及 48 h 设计暴雨成果　（单位：mm）

重现期(年)	子流域	24 h	48 h
1 000	Cosanga	106	155
	Quijos Arriba	172	252
	Quijos int. 1	122	176
	Quijos int. 2	128	178
	Oyacachi	130	187
	Salado	131	182
10 000	Cosanga	128	189
	Quijos Arriba	211	309
	Quijos int. 1	147	212
	Quijos int. 2	153	214
	Oyacachi	158	228
	Salado	158	219

表 3-11　24 h 设计暴雨分配

时段(h)	1	2	3	4	5	6	7	8	9	10	11	12
百分数(%)	18.3	10.1	7.4	6.4	5.9	5.5	5	4.6	4.2	3.8	3.4	2.9
时段(h)	13	14	15	16	17	18	19	20	21	22	23	24
百分数(%)	2.8	2.4	2.2	2.1	2	1.9	1.8	1.7	1.7	1.5	1.4	1.0

表 3-12　各子流域 1 000 年一遇 48 h 设计暴雨过程线　　　　　（单位：mm）

时段（h）	子流域					
	Cosanga	Quijos Arriba	Quijos int. 1	Quijos int. 2	Oyacachi	Salado
1	8.97	14.64	9.88	9.15	10.43	9.33
2	4.95	8.08	5.45	5.05	5.76	5.15
3	3.63	5.92	4.00	3.70	4.22	3.77
4	3.14	5.12	3.46	3.20	3.65	3.26
5	2.89	4.72	3.19	2.95	3.36	3.01
6	2.70	4.40	2.97	2.75	3.14	2.81
7	2.45	4.00	2.70	2.50	2.85	2.55
8	2.25	3.68	2.48	2.30	2.62	2.35
9	2.06	3.36	2.27	2.10	2.39	2.14
10	1.86	3.04	2.05	1.90	2.17	1.94
11	1.67	2.72	1.84	1.70	1.94	1.73
12	1.42	2.32	1.57	1.45	1.65	1.48
13	1.37	2.24	1.51	1.40	1.60	1.43
14	1.18	1.92	1.30	1.20	1.37	1.22
15	1.08	1.76	1.19	1.10	1.25	1.12
16	1.03	1.68	1.13	1.05	1.20	1.07
17	0.98	1.60	1.08	1.00	1.14	1.02
18	0.93	1.52	1.03	0.95	1.08	0.97
19	0.88	1.44	0.97	0.90	1.03	0.92
20	0.83	1.36	0.92	0.85	0.97	0.87
21	0.83	1.36	0.92	0.85	0.97	0.87
22	0.74	1.20	0.81	0.75	0.86	0.77
23	0.69	1.12	0.76	0.70	0.80	0.71
24	0.49	0.80	0.54	0.50	0.57	0.51
25	19.40	31.48	22.33	23.42	23.79	23.97
26	10.71	17.37	12.32	12.93	13.13	13.23
27	7.84	12.73	9.03	9.47	9.62	9.69
28	6.78	11.01	7.81	8.19	8.32	8.38

续表 3-12

时段（h）	子流域					
	Cosanga	Quijos Arriba	Quijos int. 1	Quijos int. 2	Oyacachi	Salado
29	6.25	10.15	7.20	7.55	7.67	7.73
30	5.83	9.46	6.71	7.04	7.15	7.21
31	5.30	8.60	6.10	6.40	6.50	6.55
32	4.88	7.91	5.61	5.89	5.98	6.03
33	4.45	7.22	5.12	5.38	5.46	5.50
34	4.03	6.54	4.64	4.86	4.94	4.98
35	3.60	5.85	4.15	4.35	4.42	4.45
36	3.07	4.99	3.54	3.71	3.77	3.80
37	2.97	4.82	3.42	3.58	3.64	3.67
38	2.54	4.13	2.93	3.07	3.12	3.14
39	2.33	3.78	2.68	2.82	2.86	2.88
40	2.23	3.61	2.56	2.69	2.73	2.75
41	2.12	3.44	2.44	2.56	2.60	2.62
42	2.01	3.27	2.32	2.43	2.47	2.49
43	1.91	3.10	2.20	2.30	2.34	2.36
44	1.80	2.92	2.07	2.18	2.21	2.23
45	1.80	2.92	2.07	2.18	2.21	2.23
46	1.59	2.58	1.83	1.92	1.95	1.97
47	1.48	2.41	1.71	1.79	1.82	1.83
48	1.06	1.72	1.22	1.28	1.30	1.31

表 3-13　各子流域 10 000 年一遇 48 h 设计暴雨过程线　　（单位：mm）

时段（h）	子流域					
	Cosanga	Quijos Arriba	Quijos int. 1	Quijos int. 2	Oyacachi	Salado
1	11.16	17.93	11.90	11.16	12.81	11.16
2	6.16	9.90	6.57	6.16	7.07	6.16
3	4.51	7.25	4.81	4.51	5.18	4.51
4	3.90	6.27	4.16	3.90	4.48	3.90
5	3.60	5.78	3.84	3.60	4.13	3.60
6	3.36	5.39	3.58	3.36	3.85	3.36
7	3.05	4.90	3.25	3.05	3.50	3.05
8	2.81	4.51	2.99	2.81	3.22	2.81
9	2.56	4.12	2.73	2.56	2.94	2.56

续表 3-13

时段（h）	子流域					
	Cosanga	Quijos Arriba	Quijos int. 1	Quijos int. 2	Oyacachi	Salado
10	2.32	3.72	2.47	2.32	2.66	2.32
11	2.07	3.33	2.21	2.07	2.38	2.07
12	1.77	2.84	1.89	1.77	2.03	1.77
13	1.71	2.74	1.82	1.71	1.96	1.71
14	1.46	2.35	1.56	1.46	1.68	1.46
15	1.34	2.16	1.43	1.34	1.54	1.34
16	1.28	2.06	1.37	1.28	1.47	1.28
17	1.22	1.96	1.30	1.22	1.40	1.22
18	1.16	1.86	1.24	1.16	1.33	1.16
19	1.10	1.76	1.17	1.10	1.26	1.10
20	1.04	1.67	1.11	1.04	1.19	1.04
21	1.04	1.67	1.11	1.04	1.19	1.04
22	0.92	1.47	0.98	0.92	1.05	0.92
23	0.85	1.37	0.91	0.85	0.98	0.85
24	0.61	0.98	0.65	0.61	0.70	0.61
25	23.42	38.61	26.90	28.00	28.91	28.91
26	12.93	21.31	14.85	15.45	15.96	15.96
27	9.47	15.61	10.88	11.32	11.69	11.69
28	8.19	13.50	9.41	9.79	10.11	10.11
29	7.55	12.45	8.67	9.03	9.32	9.32
30	7.04	11.61	8.09	8.42	8.69	8.69
31	6.40	10.55	7.35	7.65	7.90	7.90
32	5.89	9.71	6.76	7.04	7.27	7.27
33	5.38	8.86	6.17	6.43	6.64	6.64
34	4.86	8.02	5.59	5.81	6.00	6.00
35	4.35	7.17	5.00	5.20	5.37	5.37
36	3.71	6.12	4.26	4.44	4.58	4.58
37	3.58	5.91	4.12	4.28	4.42	4.42
38	3.07	5.06	3.53	3.67	3.79	3.79
39	2.82	4.64	3.23	3.37	3.48	3.48
40	2.69	4.43	3.09	3.21	3.32	3.32
41	2.56	4.22	2.94	3.06	3.16	3.16
42	2.43	4.01	2.79	2.91	3.00	3.00
43	2.30	3.80	2.65	2.75	2.84	2.84
44	2.18	3.59	2.50	2.60	2.69	2.69
45	2.18	3.59	2.50	2.60	2.69	2.69
46	1.92	3.17	2.21	2.30	2.37	2.37
47	1.79	2.95	2.06	2.14	2.21	2.21
48	1.28	2.11	1.47	1.53	1.58	1.58

3.3.5　设计洪水成果

本次采用 HEC-HMS 3.2 模型推求坝址设计洪水,直接径流计算分 SCS 水文单位线法和克拉克单位线。根据表 3-7 参数组的不同组合,计算了以下 10 个方案,成果见表 3-14,前期报告设计成果见表 3-15。各方案设计洪水成果特征值表见表 3-16~表 3-19。

表 3-14　坝址设计洪峰流量成果(HEC-HMS 3.2 模型)　　(单位:m³/s)

项目	不同方法下各方案的设计洪峰流量					
直接径流计算方法	SCS 水文单位线		克拉克单位线		均值	
重现期(年)	1 000	10 000	1 000	10 000	1 000	10 000
方案号　A1B1C1D	6 134	7 507	5 952	7 297	6 043	7 402
A1B2C2D	6 466	7 910	6 639	8 126	6 553	8 018
A2B1C1D	5 822	7 181	5 632	6 962	5 727	7 072
A2B2C2D	6 159	7 591	6 321	7 797	6 240	7 694
A1B3C2D	6 734	8 188	6 701	8 236	6 718	8 212

表 3-15　坝址设计洪峰流量成果(原设计成果)

阶段	B 阶段			概念设计	基础设计
计算方法	Gumbel 曲线	HEC-1 模型	采用值	P-Ⅲ 曲线	Gumbel 曲线
重现期为 n(年)的	1 000	5 904	5 939	6 000	7 510	7 200
洪峰流量(m³/s)	10 000	7 200	7 472	7 500	9 290	8 900

由表 3-14 可见,以 HEC-HMS 模型系统为基础,以基本设计阶段报告分析的设计暴雨成果为输入,同一方案号下,直接径流采用 SCS 水文单位线法和克拉克单位线的计算成果差别不大,约 200 m³/s,是均值的 3% 左右,A1B3C2D 方案两种单位线下推求的成果差别最小,约为均值的 0.5%。

由于资料条件限制,无法对模型进行验证。本次对收集到的暴雨洪水资料和流域下垫面情况进行分析后,给出了各敏感参数的取值范围,并计算了多个方案,由此得出设计洪水洪峰流量取值范围。相应于基本设计阶段设计暴雨成果条件下,千年一遇坝址设计洪水洪峰流量在 5 600~6 800 m³/s 附近,万年一遇坝址设计洪水洪峰流量在 6 900~8 300 m³/s 附近。可见,基本设计阶段采用 HEC-1 模型计算的设计洪水成果在此范围内。

表 3-16　坝址 10 000 年一遇设计洪水成果特征值（SCS 水文单位线法）

子流域		Cosanga	Quijos Arriba	Quijos int. 1	Quijos int. 2	Oyacachi	Salado	坝址
控制面积（km²）		496	889	294	296	702	923	3 600
设计暴雨（mm）		309	189	214	219	212	228	
A1B1C1D	洪峰（m³/s）	1 558	1 506	850	949	1 470	2 379	7 507
	洪量（mm）	312	146	304	310	193	199	219
	产流量（mm）	224	96	162	167	131	146	
	径流系数	0.72	0.51	0.76	0.76	0.62	0.64	
A1B2C2D	洪峰（m³/s）	1 724	1 624	958	937	1 572	1 826	7 910
	洪量（mm）	316	147	306	310	195	192	218
	产流量（mm）	224	96	162	167	131	146	
	径流系数	0.72	0.51	0.76	0.76	0.62	0.64	
A2B1C1D	洪峰（m³/s）	1 509	1 456	808	908	1 411	2 302	7 181
	洪量（mm）	295	137	279	284	179	185	204
	产流量（mm）	207	87.1	138	143	117	132	
	径流系数	0.67	0.46	0.64	0.65	0.55	0.58	
A2B2C2D	洪峰（m³/s）	1 677	1 573	916	894	1 516	1 751	7 591
	洪量（mm）	298	138	280	284	181	178	203
	产流量（mm）	207	87.1	138	143	117	131	
	径流系数	0.67	0.46	0.64	0.65	0.55	0.57	
A1B3C2D	洪峰（m³/s）	1 724	1 624	958	937	1 572	2 198	8 188
	洪量（mm）	316	147	306	310	195	197	219
	产流量（mm）	224	96	162	167	131	146	
	径流系数	0.72	0.51	0.76	0.76	0.62	0.64	

表 3-17 坝址 10 000 年一遇设计洪水成果特征值（克拉克单位线）

子流域		Cosanga	Quijos Arriba	Quijos int. 1	Quijos int. 2	Oyacachi	Salado	坝址
控制面积（km²）		496	889	294	296	702	923	3 600
设计暴雨（mm）		309	189	214	219	212	228	
A1B1C1D	洪峰（m³/s）	1 467	1 512	739	774	1 475	2 189	7 297
	洪量（mm）	311	146	303	307	193	197	218
	产流量（mm）	211	96	162	167	131	146	
	径流系数	0.68	0.51	0.76	0.76	0.62	0.64	
A1B2C2D	洪峰（m³/s）	1 637	1 698	810	831	1 644	2 014	8 126
	洪量（mm）	314	148	304	308	196	195	219
	产流量（mm）	224	96	162	167	131	146	
	径流系数	0.72	0.51	0.76	0.76	0.62	0.64	
A2B1C1D	洪峰（m³/s）	1 419	1 458	696	731	1 416	2 117	6 962
	洪量（mm）	293	137	278	282	180	183	203
	产流量（mm）	207	87.1	138	143	117	132	
	径流系数	0.67	0.46	0.64	0.65	0.55	0.58	
A2B2C2D	洪峰（m³/s）	1 590	1 642	767	790	1 586	1 932	7 797
	洪量（mm）	296	139	279	283	182	181	204
	产流量（mm）	207	87.1	138	143	117	132	
	径流系数	0.67	0.46	0.64	0.65	0.55	0.58	
A1B3C2D	洪峰（m³/s）	1 637	1 698	810	831	1 644	2 302	8 236
	洪量（mm）	314	148	304	308	196	198	220
	产流量（mm）	224	96	162	167	131	146	
	径流系数	0.72	0.51	0.76	0.76	0.62	0.64	

国家电网骨干电站规划

表 3-18　坝址 1 000 年一遇设计洪水成果特征值(SCS 水文单位线法)

子流域		Cosanga	Quijos Arriba	Quijos int. 1	Quijos int. 2	Oyacachi	Salado	坝址
控制面积(km²)		496	889	294	296	702	923	3 600
设计暴雨(mm)		252	155	178	182	176	187	
A1B1C1D	洪峰(m³/s)	1 258	1 215	720	797	1 203	1 931	6 135
	洪量(mm)	255	117	268	272	159	159	181
	产流量 (mm)	168	68.5	128	131	98.4	108	
	径流系数	0.67	0.44	0.72	0.72	0.56	0.58	
A1B2C2D	洪峰(m³/s)	1 396	1 312	811	787	1 291	1 474	6 466
	洪量(mm)	257	118	269	272	160	154	181
	产流量 (mm)	168	68.5	128	131	98.4	108	
	径流系数	0.67	0.44	0.72	0.66	0.56	0.58	
A2B1C1D	洪峰(m³/s)	1 214	1 166	680	759	1 146	1 855	5 822
	洪量(mm)	239	110	246	249	147	147	168
	产流量 (mm)	153	61.4	105	109	86.2	95.7	
	径流系数	0.61	0.40	0.59	0.60	0.49	0.51	
A2B2C2D	洪峰(m³/s)	1 355	1 261	771	746	1 236	1 402	6 159
	洪量(mm)	241	111	246	248	148	142	167
	产流量 (mm)	153	61.4	105	109	86.2	95.6	
	径流系数	0.61	0.40	0.59	0.60	0.49	0.51	
A1B3C2D	洪峰(m³/s)	1 396	1 312	811	787	1 291	1 783	6 701
	洪量(mm)	257	118	269	272	160	158	182
	产流量 (mm)	168	68.5	128	131	98.4	108	
	径流系数	0.67	0.44	0.72	0.72	0.56	0.58	

表3-19　坝址1 000年一遇设计洪水成果特征值(克拉克单位线)

子流域		Cosanga	Quijos Arriba	Quijos int. 1	Quijos int. 2	Oyacachi	Salado	坝址
控制面积(km²)		496	889	294	296	702	923	3 600
设计暴雨(mm)		252	155	178	182	176	187	
A1B1C1D	洪峰(m³/s)	1 184	1 216	626	651	1 208	1 777	5 952
	洪量(mm)	254	117	268	271	160	158	181
	产流量 (mm)	168	68.5	127	131	98.4	108	
	径流系数	0.67	0.44	0.71	0.72	0.56	0.58	
A1B2C2D	洪峰(m³/s)	1 324	1 369	686	699	1 349	1 626	6 639
	洪量(mm)	256	119	268	271	161	156	181
	产流量 (mm)	168	68.5	128	131	98.4	108	
	径流系数	0.67	0.44	0.72	0.72	0.56	0.58	
A2B1C1D	洪峰(m³/s)	1 142	1 162	587	611	1 151	1 707	5 632
	洪量(mm)	238	110	246	248	147	145	168
	产流量 (mm)	153	61.4	105	109	86.2	95.7	
	径流系数	0.61	0.40	0.59	0.60	0.49	0.51	
A2B2C2D	洪峰(m³/s)	1 281	1 314	648	661	1 291	1 546	6 321
	洪量(mm)	240	111	246	248	149	144	168
	产流量 (mm)	153	61.4	105	109	86.2	95.7	
	径流系数	0.61	0.40	0.59	0.60	0.48	0.51	
A1B3C2D	洪峰(m³/s)	1 324	1 369	686	699	1 349	1 866	6 734
	洪量(mm)	256	119	268	271	161	159	182
	产流量 (mm)	168	68.5	128	131	98.4	108	
	径流系数	0.67	0.44	0.72	0.72	0.56	0.58	

3.4 洪水成果合理性分析

由于本工程洪水资料系列仅有 19 年,仅利用其推求设计洪水,尤其是万年一遇设计洪水,其成果可靠性相对较差。概念设计阶段,CCS 水文工程师曾尝试到坝址上下游河段进行历史洪水调查,但本河段属于山区性河流,河谷中荒无人烟,没有居民,而坝址地区降雨量较大,河道两岸植被茂密(见图 3-10),沿河难以寻找洪水痕迹,因此无法通过历史洪水调查提高水文成果可靠性。因此,在资料短缺的情况下,采用实测最大洪水外包线等方法,对本设计成果进行合理性分析。

图 3-10 Coca 河河道情况及两岸植被

3.4.1 相似临近流域实测洪水外包线

由于本流域位于南美洲西海岸,根据《世界最大实测洪水记录》,查找与本流域地理位置相似的厄瓜多尔本国、南美大陆东西海岸、非洲西海岸、印度尼西亚等热带雨林气候的实测最大洪水的记录,详见表 3-20。根据各区域实测最大洪峰与流域面积相关关系(见图 3-11),可以分别得到厄瓜多尔、南美洲及全世界热带地区的实测洪水外包线。其关系式为

$$Q = 40.647A - 0.606\ 4 \tag{3-3}$$

式中 Q——洪峰流量,m^3/s;

A——流域面积,km^2。

首部引水枢纽坝址集水面积 3 600 km^2,对应的外包线值为 5 830 m^3/s,本次计算的设计洪水成果大于外包线的值,说明本成果是偏于安全的。

表 3-20　热带雨林气候地区实测最大洪水记录

大陆	国家	站名	河流	面积 (km²)	降雨量 (mm)	平均流量 (m³/s)	洪峰 (m³/s)	观测年限
南美洲	厄瓜多尔	Esmeraldas D J Sade	Esmeraldas	18 800	2 050	1 212	5 936	
南美洲	厄瓜多尔	Pastaza En Banos	Pastaza	7 820	900	121	1 922	
南美洲	厄瓜多尔	Toachi en Sto Dgo De Los Colorados	Toachi	2 170	2 200	106	716	
南美洲	厄瓜多尔	Paute en Paute	Paute	3 860	1 100	69	923	
南美洲	厄瓜多尔	Carrizal en Calceta	Carrizal	546	1 050	18	269	
南美洲	厄瓜多尔	Daule en la Capilla	Daule	8 690	1 800	271	1 892	
南美洲	厄瓜多尔	Jubonnes en Ushcurrumi	Jubonnes	3 580	650	56	1 065	
南美洲	厄瓜多尔	Puyango en Cpto Militar	Puyango	2 790	1 300	91	1 604	
南美洲	厄瓜多尔	Quevedo en Quevedo	Quevedo	3 510	2 600	229	2 832	
南美洲	厄瓜多尔	Yanayacu en Pte Pucara	Yanayacu	256	1 000	8	145	
南美洲	哥伦比亚	Pueto Salgar	Magdalena	56 905	1 972	1 667	5 800	1946~2000
南美洲	玻利维亚	Abapo	Rio Grand	59 000			11 360	1945~1974
南美洲	玻利维亚	Puente Arle	Rio Grand	58 230			8 610	1945~1974
南美洲	玻利维亚	Angosto Del Bala	Rio Beni	67 770		2 080	23 370	1967~1973, 1975~1980
南美洲	玻利维亚	Villa Montes	Rio Pilcomayo	25 300		183	2 580	1941~1946, 1949~1955
南美洲	圭亚那	Apaikwa	Mazaruni	14 000		2 915	746	1950~1972
南美洲	圭亚那	Kaieteur	Potaru	2 640		4 140	196	1950~1972

续表 3-20

大陆	国家	站名	河流	面积 (km²)	降雨量 (mm)	平均流量 (m³/s)	洪峰 (m³/s)	观测年限
南美洲	圭亚那	Great Falls	Demerara	2 460		2 360	75.5	1950~1972
南美洲	圭亚那	Saka	Demerara	4 040		2 370	114.2	1950~1972
南美洲	巴西	Obidos	Amazonas	4 640 300		160 000	370 000	
南美洲	巴西	Altamira	Xingu	446 570		7 675	32 670	
南美洲	巴西	Porto Nacional	Tocantins	175 360		2 050	16 300	
南美洲	巴西	Conceicao do Araguaia	Araguaia	300 290		3 950	18 600	
南美洲	巴西	Itupiranga	Tocantins	727 900		9 895	38 780	
南美洲	巴西	Ribeiro Goncalves	Parnaiba	32 700		223	930	
南美洲	巴西	Porto Formoso	Parnaiba	282 000	1 100	770	7 130	
南美洲	巴西	S. Lourenco da Mata	Capibaribe	7 200	900	18.2	3 440	
南美洲	巴西	Manga	Sao Francisco	200 790		2 110	11 260	
南美洲	巴西	Juaazeiro	Sao Francisco	510 800		2 680	13 265	
南美洲	巴西	Traipu	Sao Francisco	622 600		2 940	15 890	
南美洲	巴西	Porto Mandacaru	Jequitin-honha	16 340		144	2 345	
南美洲	巴西	Aracuai	Aracuai	14 620		95	2 365	
南美洲	巴西	Itapedi	Jequitin-honha	67 770		360	7 212	
南美洲	巴西	Santa Branca	Parnaiba do Sul	4 935		73.4	608	
南美洲	巴西	Arita	Parnaiba do Sul	29 820		483	5 355	
南美洲	巴西	Guarus	Parnaiba do Sul	55 080		708	7 945	

续表 3-20

大陆	国家	站名	河流	面积 （km²）	降雨量 （mm）	平均流量 （m³/s）	洪峰 （m³/s）	观测年限
南美洲	巴西	Campos	Parnaiba do Sul	55 080		829	5 210	
南美洲	巴西	Guaira	Parana	802 200		9 150	40 260	
南美洲	巴西	Porto Amazonas	Iguacu	3 660		59.7	919	
南美洲	巴西	Uniao da Victoria	Iguacu	24 210		417	4 960	
南美洲	巴西	Estreito do Iguacu	Iguacu	62 240		1 520	20 200	
南美洲	巴西	Fecho dos Morros	Paraguai	470 000		1 100	5 200	
南美洲	巴西	Passo Socorro	Pelotas	9 010		182	4 800	
南美洲	巴西	Ita	Uruguai	43 900		950	23 200	
南美洲	巴西	Irai	Uruguai	62 200		1 360	32 800	
南美洲	巴西	Cachoeira	Jacui	30 210		560	13 000	
南美洲	巴西	Rio Pardo	Jacui	36 100		703	7 310	
南美洲	巴西	Ponto do Rio das Antas	Aantas	12 690		304	11 000	
南美洲	巴西	Mucum	Taquari	16 150		305	12 500	
南美洲	巴西	Sao Jeronimo Jusante	Jacui	68 260		1 520	9 220	
非洲	几内亚	Pont de telimele		10 250	2 000	368	2 930	
非洲	几内亚	Kouroussa		16 560	1 650	238	1 710	
非洲	几内亚	Baro		127 770	1 800	261	1 960	
非洲	几内亚	Kankan		9 620	1 900	200	1 040	
非洲	马里	Gouala		35 300	1 500	390	2 250	

续表 3-20

大陆	国家	站名	河流	面积 (km²)	降雨量 (mm)	平均流量 (m³/s)	洪峰 (m³/s)	观测年限
非洲	马里	Koulikoro		120 000	1 600	1 505	9 670	1955~1956, 1971~1979
非洲	马里	Beneni		116 000	1 200	565	3 600	1930~1979
非洲	马里	Pankouro		31 800	1 400	215	2 300	1943~1979
非洲	马里	BR		30.4	570	0.095	221	1951~1979
非洲	利比里亚	Mano Mines		5 540	2 500	221	1 610	1951~1979
非洲	利比里亚	Willker Bridge		9 760	2 000	263	1 800	1951~1979
非洲	喀麦隆	Figuil	Louti	5 540	900		1 800	
非洲	喀麦隆	Garoua	Bénoué	64 000	1 130	380	6 000	
非洲	喀麦隆	Edea	Sanaga	131 500	1 630	2 080	7 700	
非洲	喀麦隆	Mbalmayo	Nyong	13 555	1 550	150	575	
非洲	喀麦隆	Yabassi	Wourl	8 250	2 000	311	1 845	
非洲	喀麦隆	Lolodorf	Lokoun-dje	1 150	1 860	31	220	
非洲	加蓬	Lambaréné	Ogooué	204 000	1 850	5 500	13 600	1929~1981
非洲	加蓬	Makokou	Ivindo	35 800	1 700	620	2 090	1953~1981
非洲	刚果	Brazzaville Beach	Congo	3 475 000	1 550	43 000	76 900	1902~1980
非洲	刚果	Ouesso	Sangha	158 350	1 600	1 715	4 730	1947~1980
非洲	刚果	Gambona	Nkeni	6 200	1 860	206	324	1951~1980
非洲	刚果	Kimpanzou	Foulakary	2 980	1 440	57	470	1947~1980

续表 3-20

大陆	国家	站名	河流	面积（km²）	降雨量（mm）	平均流量（m³/s）	洪峰（m³/s）	观测年限
非洲	刚果	Comba	Comba	90	1 470	1.3	202	1966~1980
非洲	刚果	Loudima	Niari	23 385	1 455	380	1 760	1951~1980
非洲	刚果	Kibangou	Kouilou	48 990	1 520	855	3 500	1952~1980
非洲	刚果	Sounda	Kouilou	55 010	1 500	935	4 090	1955~1980
非洲	刚果	Donguila	Nyanga	5 800	1 795	217	893	1954~1980
非洲	刚果（金）	Boma	Zaire	3 815 540		43 000	90 000	1933~1975
非洲	刚果（金）	Kinshasa Port Public	Zaire	3 747 320			81 110	1925~1979
非洲	刚果（金）	Kisangani	Zaire	974 330		6 500	20 130	1934~1978
非洲	刚果（金）	Bukama	Zaire	63 090		322	1 420	1933~1960
亚洲	印尼	Palumbon	Citarum	4 232			2 733	
亚洲	印尼	Kracak	Cianten	126			666	
亚洲	印尼	Cijeunjging	Cimanuk	1 608			910	
亚洲	印尼	Kudus	Celis	40			390	
亚洲	印尼	Garung	Serayu	56.4			267	
亚洲	印尼	Sokaraja	Tulis	710			480	
亚洲	印尼	Banyumas	Serayu	2 642			1 274	
亚洲	印尼	Glapan	Tuntang	514			1 200	
亚洲	印尼	Jurang	Bengawan	1 442			2 336	
亚洲	印尼	Bojonegoro	Bengawan	12 429			4 754	

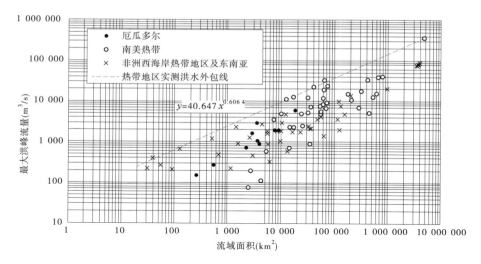

图 3-11 Coca 河相似临近流域实测洪水外包线

3.4.2 世界实测大洪水外包线

从《世界最大实测洪水记录》的大约 1 500 场洪水中挑选出 k 值大于 5 的有 54 场洪水。将洪水数据列于表中,并绘制了洪峰面积对数图(见图 3-12)。

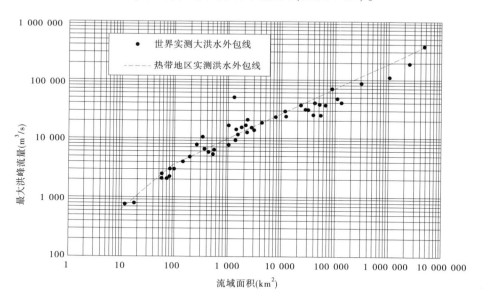

图 3-12 世界实测洪水外包线

图 3-12 中外包线关系式如下:

$$Q = \begin{cases} 500A^{0.43} & A > 90 \text{ km}^2 \\ 100A^{0.8} & A < 90 \text{ km}^2 \end{cases} \tag{3-4}$$

根据上述外包线关系式,由首部引水枢纽坝址集水面积算得其对应的外包线值为16 900 m³/s,比本次设计采用的灾害性洪水数值偏大 13%。考虑到全球实测大洪水外包点据,基本都发生在中国、美国、俄罗斯、巴西、日本、印度、澳大利亚等亚热带、温带的季风气候区,热带雨林气候区很少发生极大洪水,本次采用的设计洪水及灾害性洪水成果基本安全、合理。

3.5　施工期洪水设计

在 CCS 工程建设过程中,为了确定截流设施的规模,需要分析施工期设计洪水。

根据径流的年内分布,一年可分为雨季(4~9 月)和旱季(10 月至次年 3 月),其中雨季直接采用设计洪水成果,旱季设计洪水计算方法如下:

水文资料中,并没有各个月的实测洪峰流量,仅有日均流量,根据 Coca en San Rafael 站年最大洪峰及发生日期,查找其相应的日流量,并建立峰量相关关系(见图 3-13),采用偏于安全的相关线,插补得到 1972~1991 年各月洪峰流量(见表 3-21)。

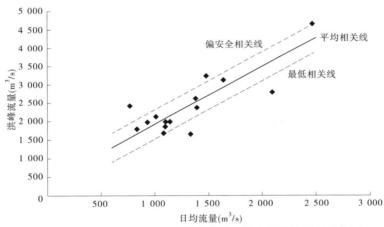

图 3-13　Coca en San Rafael 站洪峰流量—最大日均流量相关关系

表 3-21　Coca en San Rafael 站插补月最大洪峰流量(1972~1991 年)

年份	月最大洪峰流量											
	1 月	2 月	3 月	4 月	5 月	6 月	7 月	8 月	9 月	10 月	11 月	12 月
1972							2 417	1 942	1 951	1 454	1 744	2 099
1973	1 894	1 983	1 983	1 466	1 983	1 931	1 983	1 983	1 983	1 211	1 401	1 184
1974	1 266	1 722	1 260	2 294	2 156	2 250	4 654	1 855	1 869	1 708	2 393	2 579
1975	2 128	1 675	1 585	2 128	1 996	2 128	2 128	2 128	2 119	1 856	1 700	1 672
1976	2 200	1 658	1 404	1 922	2 279	3 241	3 241	2 083	1 679	1 447	1 737	1 481

续表 3-21

年份	月最大洪峰流量											
	1月	2月	3月	4月	5月	6月	7月	8月	9月	10月	11月	12月
1977	1 045	2 138	2 392	2 392	2 251	2 392	2 238	2 392	2 345	1 818	1 416	1 534
1978	1 732	2 496	2 554	2 607	1 958	2 607	2 607	2 020	1 835	2 476	1 835	1 169
1979	905	998	1 707	1 707	1 671	1 707	1 707	1 707	1 707	1 470	1 707	1 551
1980	2 007	1 113	2 007	2 007	1 905	2 007	2 007	1 833	1 740	1 649	1 337	1 039
1981	1 014	1 676	1 680	1 546	1 407	1 928	3 040	1 928	1 387	1 463	1 273	1 495
1982	1 353	1 107	1 991	1 666	1 991	1 607	1 991	1 908	1 763	1 514	1 585	1 146
1983	1 662	1 662	1 494	1 662	1 662	1 506	1 662	1 662	1 662	1 648	1 363	1 258
1984	1 269	1 493	1 368	1 625	1 458	1 839	1 835	1 874	1 874	1 394	1 682	1 691
1985	1 192	1 787	1 787	1 787	1 787	1 787	1 787	1 787	1 676	1 787	1 373	1 107
1986	1 543	1 129	1 699	2 372	1 761	2 540	2 774	1 803	1 711	1 539	1 533	2 322
1987	1 514	3 122	1 603	2 095	1 894	2 669	2 152	1 759	1 614	1 497	1 126	1 517
1988	1 341	1 751	1 697	1 929	4 178	2 274	2 241	1 424	1 537	1 406	1 835	1 382
1989	1 620	2 256	1 704	1 338	3 112	2 740	4 164	1 474	1 514	1 407	1 326	972
1990	1 552	1 317	2 006	1 693	2 031	4 702	2 639	1 880	1 991	1 572	1 441	1 458
1991	1 336	2 824	1 239	2 181	1 679	3 362	2 824	1 290	2 059	1 612	1 612	1 178

统计各年旱季最大洪峰流量,根据耿贝尔频率分析得到 Coca en San Rafael 站施工期设计洪水,再根据洪峰面积指数 1.9,推算坝址、厂房的施工期洪水。成果见表 3-22、表 3-23。

表 3-22 旱季(10 月至次年 3 月)设计洪水成果

位置	集水面积 (km²)	参数		各重现期 n(年)的设计洪峰流量(m³/s)					
		均值	C_v	5	10	20	25	50	100
Coca en San Rafael 站	3 790	2 141	0.235	2 503	2 798	3 080	3 163	3 446	3 720
坝址	3 600			2 270	2 540	2 790	2 870	3 120	3 370
厂房	3 960			2 720	3 040	3 350	3 440	3 750	4 040

表 3-23　各月设计洪水成果

月份	统计参数			频率为 $P(\%)$ 的设计值				
	均值	C_v	C_s/C_v	1	2	5	10	20
1	1 504	0.30	4	2 925	2 689	2 366	2 109	1 834
2	1 785	0.38	4	4 051	3 650	3 109	2 688	2 251
3	1 745	0.31	4	3 463	3 175	2 782	2 470	2 139
4	1 917	0.28	4	3 436	3 192	2 855	2 585	2 292
5	2 061	0.45	4	5 307	4 703	3 899	3 283	2 658
6	2 380	0.44	4	6 021	5 349	4 451	3 762	3 060
7	2 505	0.43	4	6 226	5 543	4 631	3 929	3 211
8	1 837	0.2	4	2 899	2 738	2 512	2 327	2 123
9	1 801	0.19	4	2 781	2 634	2 427	2 258	2 069
10	1 596	0.25	4	2 982	2 756	2 444	2 196	1 928
11	1 571	0.27	4	2 875	2 664	2 373	2 140	1 888
12	1 492	0.37	4	3 323	3 002	2 567	2 228	1 874

第 4 章

水位流量关系

4.1　首部引水枢纽水位流量关系

4.1.1　河道情况概述及断面

　　首部引水枢纽坝址所在河段,位于 Salado 河与 Quijos 河交汇处下游 1 km,河谷由上游交汇口处的 500 m 宽,缩窄为不足 100 m,两岸呈 U 形河谷,河水穿行于深槽峡谷间,水深流急,下游河谷放宽,岸滩显露,比降逐渐加大,水流湍急,水声较大。坝址两岸均为密林,下游滩地长有茂密的杂草和灌木。河床由卵石、块石组成,床面不平整。坝址上下游河道情况见图 4-1、图 4-2。

图 4-1　取水首部坝址及上游河道照片

图 4-2　取水首部坝址下游河道照片

　　由于坝址及上下游地形条件复杂,河道不顺直,水流形态复杂,因此本次设计推求了坝址上下游多个断面间各流量下的水面线,以此建立各断面水位流量关系。根据 2010 年测量的大断面成果,在坝址上下游共选取了 8 个大断面,具体位置见图 4-3。大断面图见图 4-4～图 4-6。

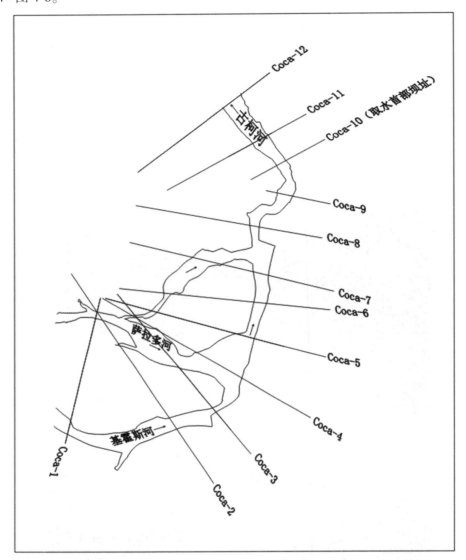

图 4-3　首部引水枢纽上下游断面位置

4.1.2　水面线计算理论与方法

　　根据测量资料,断面间变化较大,水流情况复杂,部分河段河底出现"倒比降"的现象,因此河段水位受上下游水位影响较大,为能更好地分析坝址断面的水位流量关系,假定河道水流为恒定非均匀流,采用伯努利方程,由起始断面向上游逐段推算各频率洪水的回水水面线。伯努利方程基本公式如下:

　　河道恒定非均匀流的能量方程式为

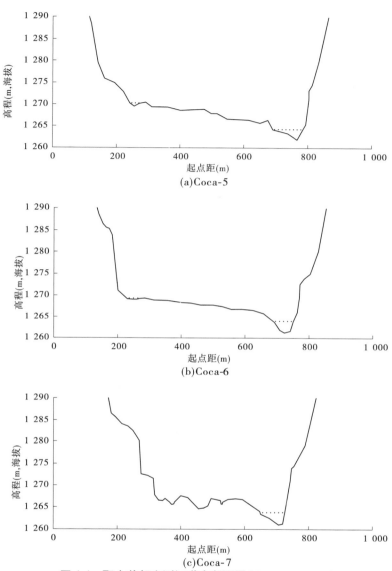

图 4-4　取水首部实测河道大断面图(Coca-5～Coca-7)

$$z_1 + \frac{\alpha_1 v_1^2}{2g} = z_2 + \frac{\alpha_2 v_2^2}{2g} + h_f + h_j \tag{4-1}$$

式中　z——断面水位,m;

v——断面流速,m/s;

g——重力加速度,取 $9.8\ \mathrm{m/s^2}$;

α——动能修正系数,取决于断面流速分布的不均匀程度,影响因素复杂,本次分析统一采用 1.0,其变化在综合糙率中考虑;

1 和 2——上断面和下断面。

h_f 为沿程水头损失,按下式计算:

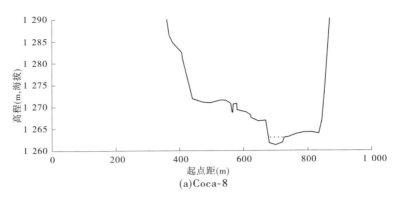

(a)Coca-8

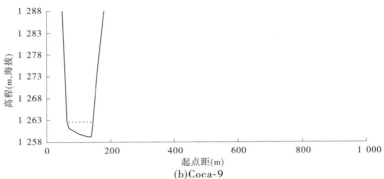

(b)Coca-9

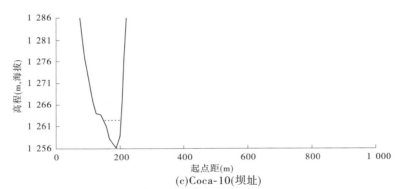

(c)Coca-10(坝址)

图 4-5　取水首部实测河道大断面图(Coca-8~Coca-10)

$$h_{\mathrm{f}} = J\Delta L = \frac{v^2}{C^2 R}\Delta L = \frac{Q^2}{\overline{K}^2}\Delta L \qquad (4\text{-}2)$$

式中　ΔL——所取河段长度,m;

　　　J——河段平均水力坡度,m;

　　　C——河段平均谢才系数;

　　　R——河段平均水力半径,m;

　　　$\overline{K}$——河段平均流量模数。

　　h_{j} 为局部水头损失,按下式计算:

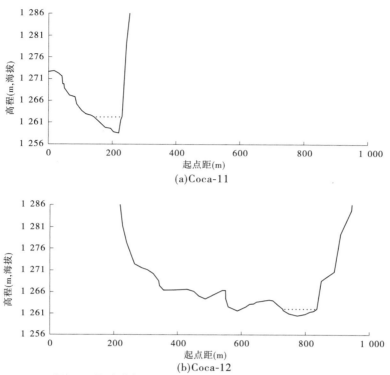

图 4-6　取水首部实测河道大断面图（Coca-11～Coca-12）

$$h_{\mathrm{j}} = \xi\left(\frac{v_2^2}{2g} - \frac{v_1^2}{2g}\right)$$　　　　　　（4-3）

式中　ξ——河段平均局部阻力系数。

对于收缩河段，其局部水头损失可以忽略不计，即 $\xi=0$；对于扩散河段，水流常与岸壁分离而形成回流，产生局部水头损失。桥位断面是一较窄的断面，大水时，水流存在收缩、扩散现象，其余河段断面宽度变化不明显。因此，本次对于局部水头损失较大的桥位河段单独计算，其余河段不再考虑计算局部水头损失，河道宽度的变化对水位的影响在综合糙率中一并考虑。

由此，河道稳定缓变流的能量方程式可写为

$$z_1 = \frac{v_2^2 - v_1^2}{z_2 + 2g} + \frac{Q^2}{K^2}\Delta L$$　　　　　　（4-4）

水面线由下游向上推求，已知 z_2 便可由上式试算求得 z_1。

4.1.3　采用参数及计算结果

根据 2009 年 9 月工程师对现场的查勘，利用浮标法测得河流中心表面流速约为 2.1 m/s，后经测量，当时水位约为 1 262.41 m，比降约 0.116%，利用测量成果算得水力半径 R，反推糙率，计算公式如下：

$$n = \frac{1}{v}R^{2/3}J^{1/2}$$　　　　　　（4-5）

式中　v——断面平均流速，m/s，取 1.8 m/s；

　　　R——水力半径，m，1 262.41 m 水位下为 3.71 m；

　　　J——实测河段水面比降，取 0.116%。

根据上式推得该水位下糙率 n 约为 0.045，参考此数值，根据河道的现场情况，考虑各设计断面处的河床和岸边组成、河道形态及水流情况，在推求水面线时糙率采用 0.035～0.05。水面线成果见图 4-7、表 4-1。

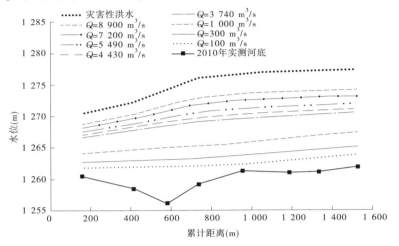

图 4-7　首部引水枢纽坝址上下游不同设计流量水面线

表 4-1　坝址上下游断面不同流量级水面线　　　　　　　　（单位：m）

断面号	距离 coca-12 断面的距离（m）	不同流量（m³/s）的水位										
		100	200	300	600	1 000	1 500	2 000	2 500	3 000	3 500	4 000
Coca-12	0	1 261.81	1 262.39	1 262.72	1 263.42	1 264.12	1 264.71	1 265.22	1 265.70	1 266.14	1 266.52	1 266.78
Coca-11	252	1 261.97	1 262.61	1 263.03	1 263.83	1 264.71	1 265.41	1 266.05	1 266.63	1 267.13	1 267.55	1 267.91
Coca-10	417	1 261.99	1 262.61	1 263.13	1 264.05	1 264.99	1 265.77	1 266.49	1 267.17	1 267.75	1 268.28	1 268.69
Coca-9	575	1 262.02	1 262.73	1 263.22	1 264.25	1 265.22	1 266.08	1 266.88	1 267.62	1 268.26	1 268.82	1 269.30
Coca-8	794	1 262.33	1 263.09	1 263.65	1 264.71	1 265.68	1 266.54	1 267.40	1 268.10	1 268.73	1 269.32	1 269.84
Coca-7	1 025	1 262.96	1 263.62	1 264.26	1 265.37	1 266.39	1 267.18	1 267.93	1 268.57	1 269.17	1 269.71	1 270.18
Coca-6	1 175	1 263.33	1 264.01	1 264.59	1 265.75	1 266.90	1 267.64	1 268.33	1 268.92	1 269.45	1 269.94	1 270.40
Coca-5	1 365	1 263.77	1 264.43	1 265.03	1 266.20	1 267.35	1 268.14	1 268.76	1 269.31	1 269.83	1 270.29	1 270.70

断面号	距离 coca-12 断面的距离（m）	不同流量（m³/s）的水位										
		4 500	5 000	5 500	6 000	6 500	7 000	7 500	8 000	8 500	9 000	15 000
Coca-12	0	1 267.05	1 267.28	1 267.50	1 267.68	1 267.86	1 268.04	1 268.22	1 268.39	1 268.56	1 268.71	1 270.52
Coca-11	252	1 268.22	1 268.49	1 268.74	1 268.98	1 269.21	1 269.44	1 269.65	1 269.87	1 270.07	1 270.25	1 272.09
Coca-10	417	1 269.08	1 269.45	1 269.77	1 270.08	1 270.38	1 270.67	1 270.95	1 271.23	1 271.50	1 271.74	1 274.26
Coca-9	575	1 269.76	1 270.18	1 270.59	1 270.96	1 271.31	1 271.66	1 271.99	1 272.31	1 272.61	1 272.89	1 276.03
Coca-8	794	1 270.33	1 270.76	1 271.17	1 271.57	1 271.94	1 272.30	1 272.64	1 272.95	1 273.25	1 273.53	1 276.72
Coca-7	1 025	1 270.62	1 271.04	1 271.45	1 271.85	1 272.23	1 272.58	1 272.94	1 273.27	1 273.56	1 273.84	1 277.01
Coca-6	1 175	1 270.84	1 271.24	1 271.45	1 271.98	1 272.33	1 272.69	1 273.03	1 273.37	1 273.68	1 273.97	1 277.14
Coca-5	1 365	1 271.09	1 271.45	1 271.81	1 272.17	1 272.52	1 272.88	1 273.22	1 273.57	1 273.86	1 274.15	1 277.29

4.2　电站尾水断面水位流量关系分析

4.2.1　河道情况概述及断面

在 CCS 水电站工程的勘测设计过程中,水文工程师曾于 2009 年 10 月、2010 年 8 月、2011 年 2 月三次对该河段进行了现场查勘。

电站位于首部引水枢纽下游 60 km 处,Coca 河的右岸,河谷宽为 150~200 m,两岸呈 U 形河谷。河床由卵石组成,床面较不平整。河水穿行于深槽峡谷间,比降较大,水流湍急。两岸均为高大树木组成的原始雨林,滩地长有杂草和灌木。

在 Coca 河右岸从上游向下依次布置有开关站、交通洞、尾水洞、尾水渠等建筑物,其中尾水渠位于大转弯处上游 250 m 处,此处主河槽宽约 150 m,滩地宽约 80 m,尾水渠下游 1.3 km 处,有一个卡口断面(桥位断面),宽仅有 50 m,目前此处建有一跨河公路桥,桥面高程 618.99 m (海拔,下同)。厂房尾水渠上下游河道情况见图 4-8~图 4-11。

图 4-8　No.05 断面~No.07 断面现场照片

图 4-9　No.07 断面现场照片

厂房河段水位流量关系曲线采用伯努利方程分析求得。本次电站尾水河段水面线分析共选取 16 个实测大断面。No.01 断面为本次水面线分析的起始断面,位于桥位下游约 150 m 处,

图 4-10　No.08 断面～No.10 断面现场照片

图 4-11　No.10 断面～No.11 断面现场照片

该断面平均河宽 150 m,是桥位处河宽的 3 倍。

　　计算采用的 16 个大断面位置见图 4-12,实测大断面示意图见图 4-13～图 4-18,图中标出的水位为本次测量的实际水位。断面特征值见表 4-2。

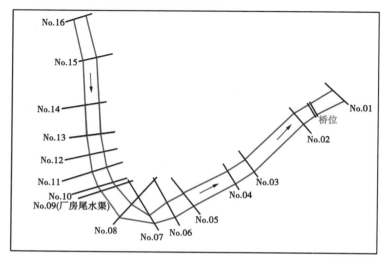

图 4-12　发电厂房河段实测大断面位置图

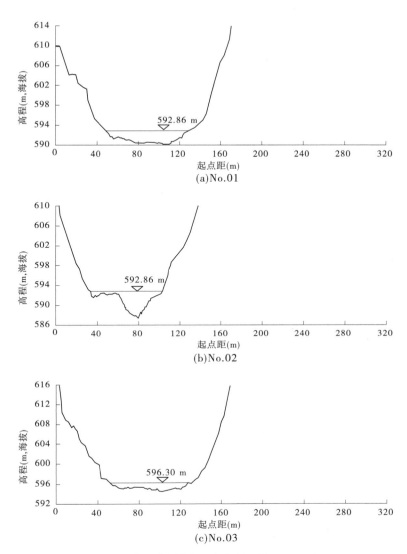

图 4-13　发电厂房尾水渠河段大断面图(No.01~No.03)

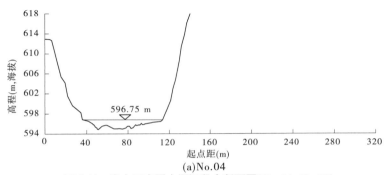

图 4-14　发电厂房尾水渠河段大断面图(No.04~No.06)

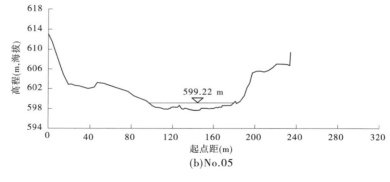

(b)No.05

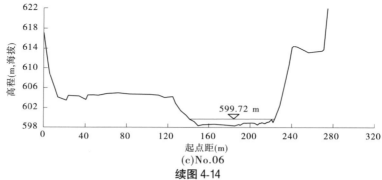

(c)No.06

续图 4-14

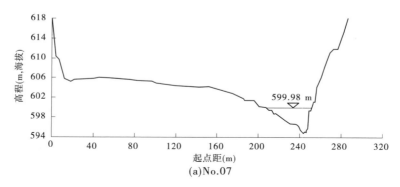

(a)No.07

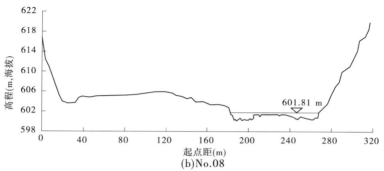

(b)No.08

图 4-15 发电厂房尾水渠河段大断面图(No.07~No.09)

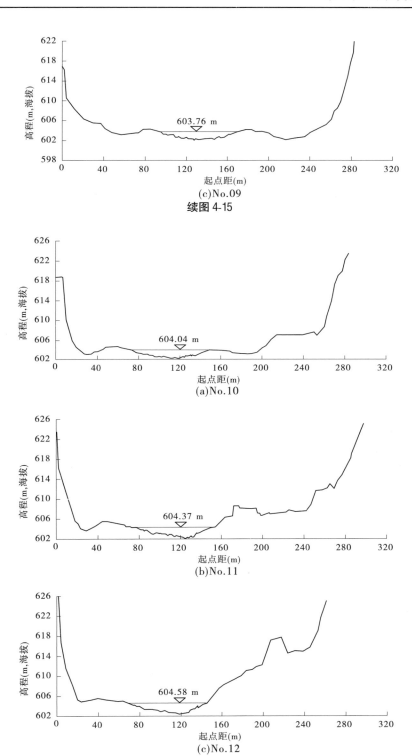

(c)No.09

续图 4-15

(a)No.10

(b)No.11

(c)No.12

图 4-16　发电厂房尾水渠河段大断面图(No. 10~No. 12)

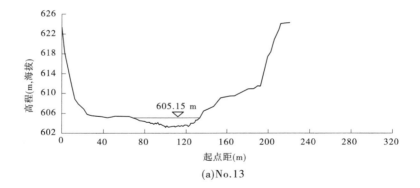

(a)No.13

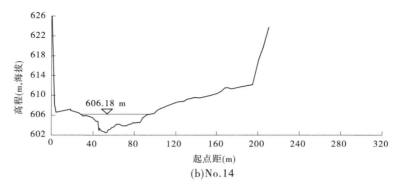

(b)No.14

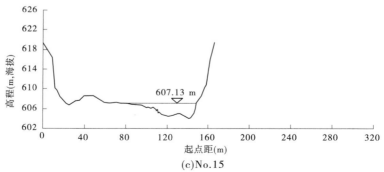

(c)No.15

图 4-17　发电厂房尾水渠河段大断面图(No. 13~No. 15)

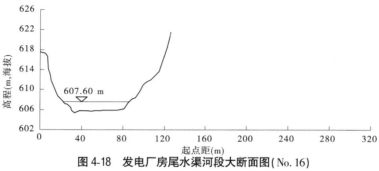

图 4-18　发电厂房尾水渠河段大断面图(No. 16)

4.2.2　实测水位、流速资料及综合糙率分析

根据各个位置的实测断面、平均流速、水位等资料,算得各断面过流面积和流量(见表 4-2)。由于流速分布、地形影响、测量误差等多种因素,各断面计算流量不相等。其中,No.07、No.02 相差较大,其他断面流量基本接近。

No.07 断面位于弯道转弯处,Coca 河水流方向在此位置急剧改变,水流紊乱,从水下测量得到的河底深泓线(见图 4-19)来看,本断面深泓点高程 594.84 m,低于下游 No.10 断面 3.45 m。No.02 断面位于桥位卡口上游 77 m 处,河道在此处逐渐缩窄,本断面深泓点高程 587.36 m,低于下游 No.01 断面 2.77 m,测量流速方向变化较大。这两个断面河底较深,且位置情况特殊,不同位置、不同水深的流速大小和方向变化较大,因此所测得的断面平均流速精度较差,分析计算实测流量时,不采用 No.02、No.07 两断面的流速、流量成果。

由表 4-2 看出,各断面实测流量为 118 ~172 m³/s,本次统一采用 150 m³/s 作为实测水面线对应的流量来率定综合糙率。

根据伯努利方程,用 150 m³/s 向上游逐段推算回水水位,拟合各断面实测水边点并率定各断面糙率,算得该流量下河段平均综合糙率约为 0.048。

表 4-2　断面实测资料、水力要素及综合糙率试算成果

断面编号	实测资料				计算水力要素			试算河段糙率
	到 No.01 的距离 (m)	深泓点 (m)	水边点 (m)	平均流速 (m/s)	水面比降 (‰)	过水面积 (m²)	流量 (m³/s)	
No.01	0	590.13	592.86	1.16	0.25	147.7	172	0.030
No.02	226	587.36	592.86	—	0.59	139.8	—	—
No.03	559	594.49	596.30	1.71	0.92	84.1	144	0.036
No.04	665	594.90	596.75	1.65	0.86	71.4	118	0.056
No.05	900	597.59	599.22	1.88	0.73	84.5	159	0.038
No.06	1 001	598.29	599.72	1.49	0.82	82.0	122	0.045
No.07	1 106	594.84	599.98	—	0.92	112.9	—	—
No.08	1 258	600.17	601.81	1.87	0.80	72.4	135	0.058
No.09	1 402	602.09	603.76	2.03	0.89	76.9	156	0.060
No.10	1 429	602.17	604.04	1.82	0.87	87.5	159	0.043
No.11	1 508	602.08	604.37	1.61	0.79	89.9	145	0.035

续表 4-2

断面编号	实测资料				计算水力要素			试算河段糙率
	到 No.01 的距离 (m)	深泓点 (m)	水边点 (m)	平均流速 (m/s)	水面比降 (%)	过水面积 (m²)	流量 (m³/s)	
No.12	1 591	602.41	604.58	1.62	0.69	90.8	147	0.051
No.13	1 685	603.24	605.15	1.89	0.53	78.2	148	0.067
No.14	1 839	602.51	606.18	1.45	0.50	114.7	166	0.064
No.15	2 062	604.08	607.13	1.42	0.38	103.0	146	0.042
No.16	2 276	605.50	607.60	1.43	0.30	98.0	140	0.042
平均值					0.68		147	0.047 6

注: No.02 和 No.07 断面流速未采用。

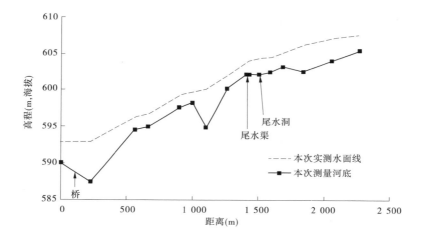

图 4-19 实测河底深泓线及水面线

4.2.3 起始水位

河道首断面(No.01)水位根据曼宁公式推求。

较小流量时比降根据实测水边点确定,大洪水时比降采用全河段平均比降 0.68%,综合糙率采用 0.047~0.061,由此算得 No.01 断面水位流量关系,作为推求回水水面线的起始水位,起始断面水位流量关系见表 4-3、图 4-20。

表 4-3　No. 01 断面水位流量关系计算表

水位（m）	面积（m²）	湿周（m）	水面宽（m）	水力半径（m）	比降	综合糙率	平均流速（m/s）	流量（m³/s）	流量差（m³/s）
(1)	(2)	(3)	(4)	(5)	(6)	(7)	(8)	(9)	(10)
591	25	46.6	46.2	0.54	0.001 0	0.061 0	0.34	9	9
592	86	72.4	71.2	1.19	0.001 0	0.060 0	0.59	51	42
593	161	82.9	81.4	1.95	0.002 0	0.055 0	1.27	205	154
594	250	96.0	94.3	2.61	0.002 6	0.052 0	1.84	460	255
595	349	105	103	3.32	0.002 6	0.047 0	2.39	834	374
596	455	111	109	4.10	0.003 0	0.047 0	2.98	1 358	525
597	566	115	112	4.92	0.004 0	0.053 0	3.45	1 954	595
598	680	118	115	5.74	0.004 3	0.054 0	3.89	2 646	692
599	796	122	118	6.52	0.004 5	0.055 0	4.26	3 390	744
600	915	125	120	7.33	0.005 0	0.057 0	4.68	4 284	894
601	1 035	127	121	8.12	0.006 0	0.060 0	5.22	5 399	1 115
602	1 160	135	129	8.58	0.006 5	0.059 5	5.68	6 584	1 184
603	1 292	141	134	9.17	0.006 8	0.059 8	6.04	7 802	1 219
604	1 427	144	137	9.89	0.006 8	0.059 8	6.35	9 064	1 261
605	1 570	154	146	10.2	0.006 8	0.058 5	6.62	10 389	1 326
606	1 718	158	149	10.9	0.006 8	0.059 0	6.86	11 778	1 388

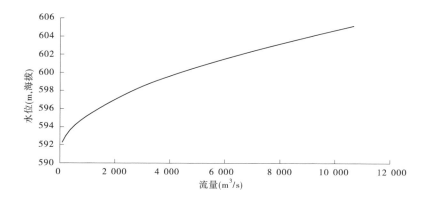

图 4-20　起始断面（No. 01）水位流量关系

4.2.4　水面线分析计算

在100~10 000 m³/s内选取不同量级流量,由No.01断面分别向上游逐段推求水面线,以此建立设计断面的水位流量关系。

由于2011年12月联合测量,没有测得桥位位置的大断面资料,因此本次分析分为两个计算方案:

方案1,根据实测的16个大断面资料进行分析计算,即未考虑桥位断面水面线成果;

方案2,利用2010年测量的桥位大断面资料,分析桥位断面对水面线的影响,即考虑桥位断面水面线成果。

本次设计推求100~10 000 m³/s各个流量下的水面线,以此建立各断面的水位流量关系。

采用伯努利方程,由No.01断面水位,向上游逐段推求各流量级的回水水面线。根据河道的现场情况,考虑各设计断面处的河床和岸边组成、河道形态及水流情况调整综合糙率,其中:对于3 000 m³/s以下的洪水,糙率为0.046~0.055,略微调整各断面间的综合糙率,使断面水位大致平行于实测的水面线。对于大于3 000 m³/s流量以上的洪水,由于河道两岸树木的阻水作用较大,综合糙率随流量逐渐增大,取值范围为0.046~0.058。

根据上述综合糙率,推求各流量级水面曲线,成果见图4-21。

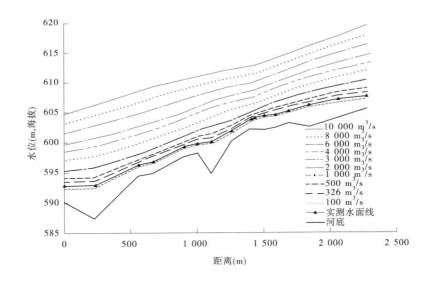

图4-21　各流量级水面曲线(未考虑桥位断面)

4.2.5　水面线分析计算——考虑桥位断面影响

根据现场调查情况,在No.01、No.02断面之间,No.01断面上游约150 m处,有一处狭窄的桥位断面。2010年12月,设计单位黄河勘测规划设计有限公司曾对桥位断面进行了地形测量,成果见图4-22。

由测量成果可以看出,该断面宽度仅为上下游 No.01 和 No.02 断面的 1/3,其过流能力小于上下游断面,因此桥位断面在洪水时有一定的阻水作用,在桥位以上的收缩河段,水位会雍高,比降会减缓;在桥位以下的扩散河段,水位会降低,比降会增加,且洪水流量越大,桥位断面阻水作用越明显,雍水位越高,回水影响越远。

图4-21 的水面线成果,没有考虑桥的雍水作用,可能对工程安全不利,因此需要进一步分析桥位断面雍水的影响。

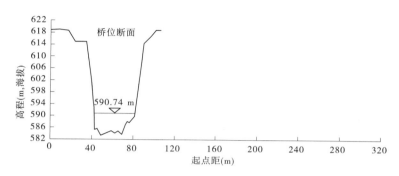

图4-22 桥位断面示意图

本次分析采用局部水头损失计算方法,估算 No.01 和桥位断面的水位差,由 No.01 断面水位,推算桥位断面各流量水位,再以桥位断面作为起始断面,推算 No.02 断面水位。计算过程具体如下,计算数值和结果见表4-4中各列。

将桥位断面添加到 No.01 和 No.02 断面之间,根据采用的起始水位和河段糙率,再次推算各个流量的水面线,计算 No.01 断面和桥位断面初算水位 z_1、z_2 以及初算平均流速 v_1、v_2。

根据公式估算桥位断面到 No.01 断面的局部水头损失 h_j。在急剧扩散的河段,扩散系数取值为 0.5~1.0。根据本河段的现场情况,本次计算扩散系数取 0.8;采用初算的桥位断面水位加局部水头损失,得到考虑局部水头损失的桥位断面水位。再由桥位断面水位作为起始水位,根据河段糙率推求至 No.02 断面,得到考虑局部水头损失的 No.02 断面的水位。

由表4-4可以看出,流量越大,桥位断面到 No.01 断面局部水头损失越大,桥位断面的雍水越高。2 000 m³/s、4 000 m³/s、8 000 m³/s 桥位雍水分别约为 0.19 m、0.87 m、2.53 m。

因此,对于低于 2 000 m³/s 的水面线,可不考虑桥位断面的影响,直接采用表4-3的成果;对于高于或等于 2 000 m³/s 的水面线,由 No.02 断面作为起始水位,采用伯努利方程向上游逐段推算各个流量的水面线,采用糙率与原河道综合糙率一致。

根据河段情况,选取考虑桥位断面影响的水面线成果,即方案2。最终算得的水面线成果见表4-5、图4-23,各个断面水位流量关系见图4-24。

表4-4　桥位断面水位计算表

流量 (m³/s)	初算河段糙率	初算起始水位 (m)	初算水位(不计水头损失)		初算面积 (m²)		初算流速 (m/s)		扩散系数	局部水头损失 (m)	水位(计水头损失)	
		No.01	桥	No.02	No.01	桥	No.01	桥			桥	No.02
(1)	(2)	(3)	(4)	(5)	(6)	(7)	(8)	(9)	(10)	(11)	(12)=(4)+(11)	(13)
2 000	0.047	597.07	597.47	597.68	574	487	3.48	4.11	0.8	0.19	597.66	597.86
3 000	0.047	598.48	598.99	599.27	735	553	4.08	5.42	0.8	0.52	599.51	599.75
4 000	0.052	599.68	600.41	600.79	877	616	4.56	6.49	0.8	0.87	601.28	601.59
5 000	0.053	600.64	601.51	601.97	992	666	5.04	7.51	0.8	1.26	602.77	603.11
6 000	0.054	601.51	602.53	603.05	1 098	713	5.47	8.42	0.8	1.67	604.20	604.56
8 000	0.056	603.16	604.43	605.06	1 313	803	6.09	9.96	0.8	2.54	606.97	607.35
10 000	0.058	604.71	606.22	606.93	1 528	890	6.55	11.23	0.8	3.40	609.62	610.01

表 4-5　厂房附近河段各断面水位流量关系

流量（m³/s）	各断面水位（m）																平均流速（m/s）
	No.01	No.02	No.03	No.04	No.05	No.06	No.07	No.08	No.09	No.10	No.11	No.12	No.13	No.14	No.15	No.16	
100	592.32	592.41	595.98	596.48	598.98	599.48	599.66	601.41	603.45	603.68	604.05	604.26	604.82	605.76	606.57	607.10	1.42
200	592.97	593.13	596.38	597.31	599.31	600.03	600.23	601.82	603.82	604.10	604.51	604.81	605.43	606.24	607.18	607.71	1.79
326	593.47	593.63	596.79	597.62	599.68	600.43	600.72	602.20	604.14	604.30	604.80	605.19	605.94	606.61	607.73	608.22	2.20
500	594.11	594.32	597.19	597.99	600.02	600.89	601.30	602.61	604.41	604.53	605.20	605.67	606.37	607.05	608.32	608.90	2.61
1 000	595.32	595.89	598.05	598.97	600.85	601.89	602.58	603.70	605.02	605.16	606.06	606.65	607.26	608.15	609.38	610.28	3.33
2 000	597.07	597.86	599.75	600.57	602.35	603.44	604.27	605.36	606.23	606.35	607.18	607.84	608.53	609.61	610.80	611.89	4.12
3 000	598.48	599.75	601.44	602.16	603.79	604.75	605.82	606.73	607.39	607.49	608.23	608.87	609.61	610.79	612.05	613.18	4.39
4 000	599.68	601.59	603.06	603.72	605.18	605.96	606.91	607.84	608.44	608.57	609.17	609.86	610.64	611.92	613.23	614.43	4.51
5 000	600.64	603.11	604.49	605.10	606.40	607.03	607.77	608.60	609.19	609.32	609.88	610.57	611.41	612.72	614.07	615.37	4.75
6 000	601.51	604.56	605.86	606.41	607.58	608.10	608.69	609.42	609.97	610.10	610.61	611.29	612.14	613.44	614.84	616.22	4.94
8 000	603.16	607.35	608.51	608.99	609.90	610.26	610.68	611.22	611.68	611.79	612.21	612.81	613.61	614.83	616.29	617.88	5.15
10 000	604.71	610.01	611.06	611.48	612.24	612.51	612.82	613.23	613.59	613.68	614.00	614.49	615.18	616.29	617.75	619.61	5.22
至 No.01 断面距离（m）	0	226	559	665	900	1 001	1 106	1 258	1 402	1 429	1 508	1 591	1 685	1 839	2 062	2 276	—

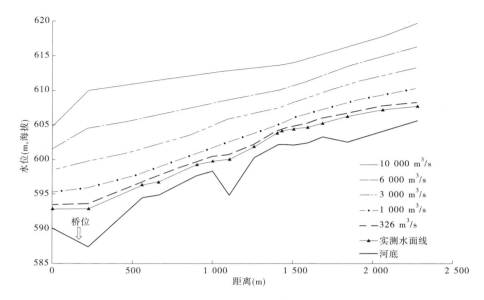

图 4-23　厂房附近河段各流量级水面线

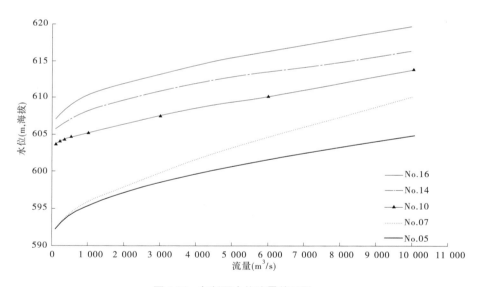

图 4-24　各断面水位流量关系图

4.2.6　成果合理性分析

检查各流量水面线,从图 4-23 中可以看出,对于流量在 1 000 m³/s 以下的回水水面线基本平行于实测水面线,大于 2 000 m³/s 以上的水面线,较为平滑,断面间比降变化逐渐减小。对于流量大于 4 000 m³/s 以上的洪水,桥位卡口处的壅水(见表 4-6)作用逐渐增加,卡口上游收缩段水面比降减小,桥位断面下游扩散段水面比降增大(见表 4-7)。桥位断面壅水的影响范围随流量增加向上游逐渐增大(见表 4-6)。从桥位处到 No.01 断面,流量越大,水位差越大。这

表 4-6　桥位断面壅水高度

桥位断面壅水高度（m）（方案 2 水位成果减方案 1 水位成果）

流量（m³/s）	No.01	No.02	No.13-1	No.12-1	No.11-1	No.10	No.09-1	No.08	No.07-1	No.0	No.01	No.02	No.03-1	No.04-1	No.05-1	No.06-1	桥位断面影响范围（m）
100	0	0	0	0	0	0	0	0	0	0	0	0	0	0	0	0	0
200	0	0	0	0	0	0	0	0	0	0	0	0	0	0	0	0	0
326	0	0	0	0	0	0	0	0	0	0	0	0	0	0	0	0	0
500	0	0	0	0	0	0	0	0	0	0	0	0	0	0	0	0	0
1 000	0	0	0	0	0	0	0	0	0	0	0	0	0	0	0	0	0
2 000	0	0.09	0.03	0.01	0	0	0	0	0	0	0	0	0	0	0	0	665
3 000	0	0.46	0.20	0.13	0.04	0.02	0.02	0.02	0.01	0	0	0	0	0	0	0	1 402
4 000	0	0.93	0.46	0.33	0.14	0.08	0.04	0.02	0.01	0.01	0.01	0.01	0.01	0	0	0	1 685
5 000	0	1.37	0.74	0.57	0.29	0.20	0.12	0.06	0.04	0.04	0.03	0.02	0.01	0.01	0	0	1 839
6 000	0	1.84	1.06	0.83	0.48	0.36	0.24	0.16	0.11	0.11	0.08	0.05	0.03	0.02	0.01	0	2 062
8 000	0	2.82	1.81	1.52	1.04	0.87	0.70	0.52	0.42	0.40	0.33	0.24	0.17	0.09	0.05	0.03	>2 276
10 000	0	3.79	2.59	2.23	1.69	1.50	1.30	1.08	0.91	0.89	0.75	0.60	0.45	0.29	0.17	0.11	>2 276
至 No.01 断面距离（m）	0	226	559	665	900	1 001	1 106	1 258	1 402	1 429	1 508	1 591	1 685	1 839	2 062	2 276	—
桥位断面起始影响流量（m³/s）	—	2 000	2 000	2 000	3 000	3 000	3 000	3 000	3 000	4 000	4 000	4 000	4 000	5 000	6 000	8 000	—

是由于断面宽度急剧增加,扩散系数较大,流量和流速越大,局部水头损失越大。

检查各断面水位流量关系,从图 4-24 可以看出,No.08、No.0、No.01 断面的水位,流量在 6 000 m³/s 以上时受 No.14 断面水位的顶托作用,有所抬高,符合客观规律。

从综合糙率变化情况来看,小流量时,受河床影响较大,糙率取值一般较大,随着流量增大,河床影响相对减少,糙率取值则逐渐减小;流量进一步增大后,山体两侧树林影响加大,糙率又有增大趋势,符合一般河道糙率的变化规律。

综上所述,本次设计成果合理。

表 4-7　不同流量桥位上下游断面比降变化

流量 (m³/s)	各断面水位(m)			比降(%)	
	No. 01	No. 02	No. 03	No. 02~ No. 01	No. 03~ No. 02
100	592.32	592.41	595.98	0.04	1.07
200	592.97	593.13	596.38	0.07	0.98
326	593.47	593.63	596.79	0.07	0.95
500	594.11	594.32	597.19	0.09	0.86
1 000	595.32	595.89	598.05	0.25	0.65
2 000	597.07	597.86	599.75	0.35	0.57
3 000	598.48	599.75	601.44	0.56	0.51
4 000	599.68	601.59	603.06	0.85	0.44
5 000	600.64	603.11	604.49	1.09	0.42
6 000	601.51	604.56	605.86	1.35	0.39
8 000	603.16	607.35	608.51	1.85	0.35
10 000	604.71	610.01	611.06	2.35	0.31

4.2.7　HEC-RAS 复核计算

4.2.7.1　计算参数及边界条件

HEC-RAS(陆军工程兵团–河流分析系统)是美国陆军工程兵团水文工程中心开发的水面线计算软件包,适用于河道稳定流和非稳定流一维水力计算,其功能强大。本次采用该软件对伯努利方程计算成果进行复核(见图 4-25~图 4-28)。

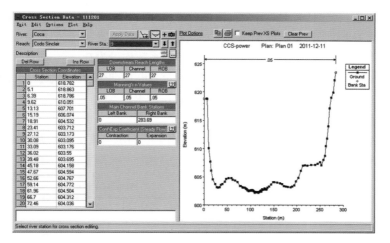

图 4-25　输入断面及各项参数

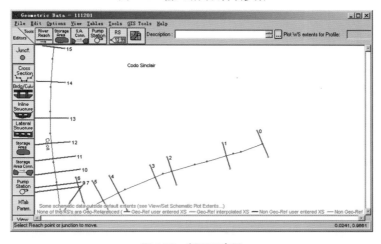

图 4-26　断面示意图

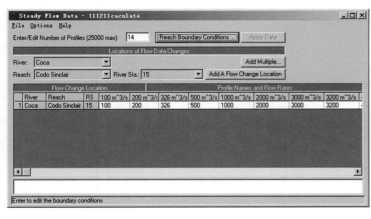

图 4-27　设置流量级

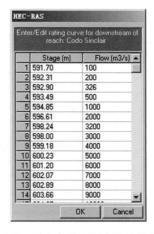

图 4-28　输入起始断面水位流量关系

输入各断面资料,包括起点距、高程、滩槽分界、断面间距(滩槽间距),河段糙率等参数,由于河道大部分为 U 形河谷,全断面均设为主槽,仅在拐弯处设置河滩,但糙率采用相同的综合糙率。局部水头损失暂不考虑,所以收缩系数和扩散系数均设为 0。

　　通过实测的流速、面积、水面宽等水力要素,计算各断面弗劳德数,均小于 1,因此本河段流态为缓流(亚临界流);水面线应根据最下游断面水位推求。

4.2.7.2　计算结果

　　根据计算结果,各流量级水面线成果、厂房尾水渠断面水位流量关系见图 4-29~图 4-35。

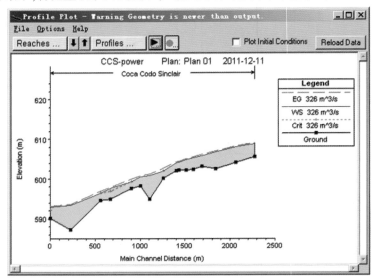

图 4-29　326 m³/s 流量水面线

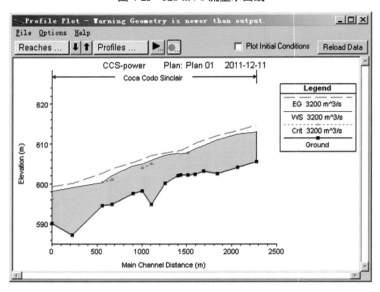

图 4-30　3 200 m³/s 流量水面线

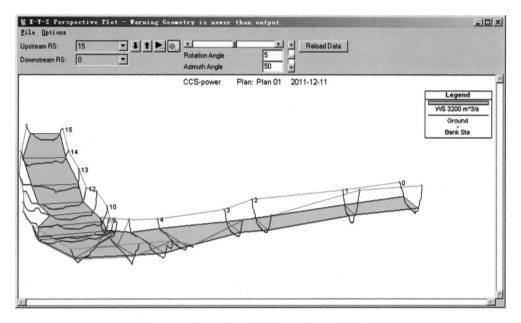

图 4-31　3 200 m^3/s 流量水面线 3D 展示图

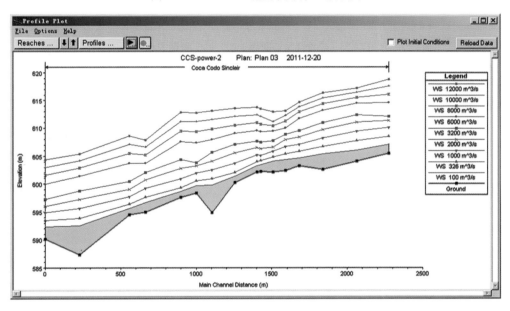

图 4-32　各流量级水面线

4.2.7.3　成果比较及原因分析

本次计算,采用美国工程兵团的 HEC-RAS 软件计算成果,结果与黄河勘测规划设计有限公司自主研发的水面线软件(基于伯努利方程)基本接近(见表 4-8),大部分流量级下比水面线计算成果略低,3 000 以下流量差别在 0.3 m 以内,3 000 以上流量差别在 0.5 m 以内。在工程设计中,偏于安全考虑仍采用水面线软件计算成果。

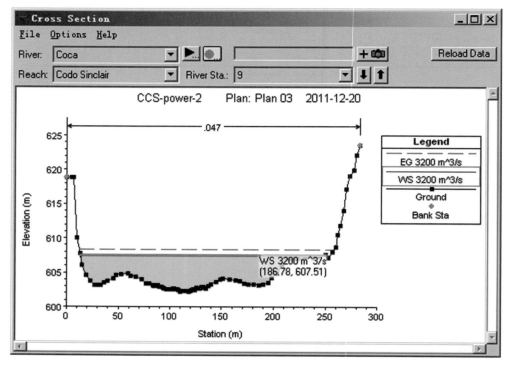

图 4-33　尾水渠出口断面 3 200 m³/s 流量级水位

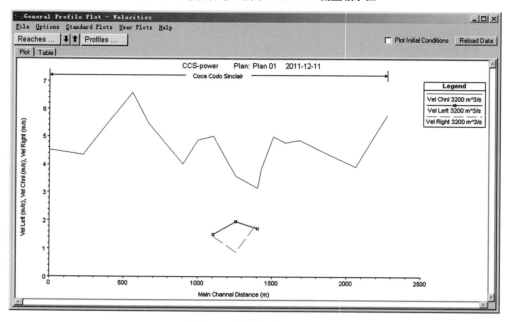

图 4-34　河段流速沿程分布

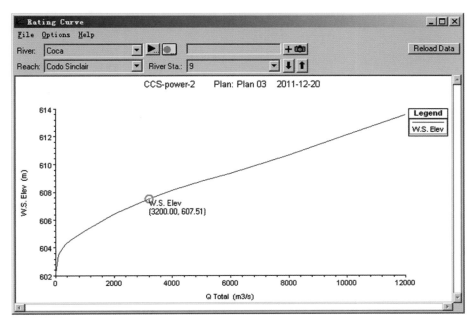

图 4-35　尾水渠出口断面水位流量关系

表 4-8　尾水渠水位流量关系成果比较

流量 （m³/s）	阶段水位成果(m)		相差(m)
	基础设计阶段计算	HEC 复核	
100	603.68	603.52	−0.16
200	604.10	603.88	−0.22
326	604.30	604.21	−0.09
500	604.53	604.53	0.00
1 000	605.16	605.21	0.05
2 000	606.35	606.41	0.06
3 000	607.49	607.33	−0.16
4 000	608.56	608.15	−0.41
5 000	609.28	608.90	−0.38
6 000	609.99	609.60	−0.39
8 000	611.39	610.97	−0.41
10 000	612.79	612.30	−0.49

第 5 章

南方涛动对Coca河流域水文情势的敏感性分析

5.1　概　述

南方涛动(Southern Oscillation)指发生在东南太平洋与印度洋及印尼地区之间的反相气压振动,是热带环流年际变化最突出、最重要的现象之一。厄尔尼诺是热带太平洋的主要气候变率,对全球气候有巨大的影响。用海—气相互作用观点来分析,厄尔尼诺和南方涛动其实是自然界中同一物理现象在两个方面的体现,体现在海洋中即为厄尔尼诺现象,反映在大气中即为南方涛动现象。

在南方涛动造成的厄尔尼诺和拉尼娜事件,曾导致全球各地的破坏性干旱、暴风雨和洪水。1982~1983 年,通常干旱的赤道东太平洋降水大增,南美西部夏季出现反常暴雨,厄瓜多尔、秘鲁、智利、巴拉圭、阿根廷东北部遭受洪水袭击,厄瓜多尔沿海地区的降水比正常年份偏多数倍。

一些专家和学者的研究表明,厄尔尼诺与印度、东南亚、印尼、澳大利亚等地的干旱,赤道中太平洋岛屿、南美洲太平洋沿岸厄瓜多尔、秘鲁、智利、阿根廷等国的异常多雨有着密切的关系。

因此,本次设计研究了南方涛动现象(厄尔尼诺和拉尼娜事件)对本流域极端天气(降水、径流及洪水)现象的影响。

5.2　厄尔尼诺月(拉尼娜月)

根据美国国家气候预报、海洋和大气部的资料,将海温对于 1971~2000 年均值的变差作为太平洋厄尔尼诺指数(ONI 指数),基于±0.5 ℃阈值,定义海温异常增暖(实线)事件和异常变冷(虚线)事件,对于三个月滑动平均的 ONI 指数,持续 5 个时段以上,定义为一次厄尔尼诺(拉尼娜)事件,见表 5-1、表 5-2。

表 5-1　太平洋厄尔尼诺指数(ONI)

年份	1~3 月	2~4 月	3~5 月	4~6 月	5~7 月	6~8 月	7~9 月	8~10 月	9~11 月	10~12 月	11~1 月	12~2 月
1963	-0.6	-0.3	0	0.1	0.1	0.3	0.6	0.8	0.9	0.9	1	1
1964	0.8	0.4	-0.1	-0.5	-0.8	-0.8	-0.9	-1	-1.1	-1.2	-1.2	-1
1965	-0.8	-0.4	-0.2	0	0.3	0.6	1	1.2	1.4	1.5	1.6	1.5
1966	1.2	1	0.8	0.5	0.2	0.2	0.2	0	-0.2	-0.2	-0.3	-0.3
1967	-0.4	-0.4	-0.6	-0.5	-0.3	0	0	-0.2	-0.4	-0.5	-0.5	-0.5
1968	-0.7	-0.9	-0.8	-0.7	-0.3	0	0.3	0.4	0.3	0.4	0.7	0.9
1969	1	1	0.9	0.7	0.6	0.5	0.4	0.4	0.6	0.7	0.8	0.7

续表 5-1

年份	1~3月	2~4月	3~5月	4~6月	5~7月	6~8月	7~9月	8~10月	9~11月	10~12月	11~1月	12~2月
1970	0.5	0.3	0.2	0.1	0	−0.3	−0.6	−0.8	−0.9	−0.8	−0.9	−1.1
1971	−1.3	−1.3	−1.1	−0.9	−0.8	−0.8	−0.8	−0.8	−0.8	−0.9	−1	−0.9
1972	−0.7	−0.4	0	0.2	0.5	0.8	1	1.3	1.5	1.8	2	2.1
1973	1.8	1.2	0.5	−0.1	−0.6	−0.9	−1.1	−1.3	−1.4	−1.7	−2	−2.1
1974	−1.9	−1.7	−1.3	−1.1	−0.9	−0.8	−0.6	−0.5	−0.5	−0.7	−0.9	−0.7
1975	−0.6	−0.6	−0.7	−0.8	−0.9	−1.1	−1.2	−1.3	−1.5	−1.6	−1.7	−1.7
1976	−1.6	−1.2	−0.8	−0.6	−0.5	−0.2	0.1	0.3	0.5	0.7	0.8	0.7
1977	0.6	0.5	0.2	0.2	0.2	0.4	0.4	0.4	0.5	0.6	0.7	0.7
1978	0.7	0.4	0	−0.3	−0.4	−0.4	−0.4	−0.4	−0.4	−0.3	−0.2	−0.1
1979	−0.1	0	0.1	0.1	0.1	−0.1	0	0.1	0.3	0.4	0.5	0.5
1980	0.5	0.3	0.2	0.3	0.3	0.3	0.2	0	−0.1	−0.1	0	−0.1
1981	−0.3	−0.5	−0.5	−0.4	−0.3	−0.3	−0.4	−0.4	−0.3	−0.2	−0.1	−0.1
1982	0	0.1	0.1	0.3	0.6	0.7	0.7	1	1.5	1.9	2.2	2.3
1983	2.3		1.5	1.2	1	0.6	0.2	−0.2	−0.6	−0.8	−0.9	−0.7
1984	−0.4	−0.2	−0.2	−0.3	−0.5	−0.4	−0.3	−0.2	−0.3	−0.6	−0.9	−1.1
1985	−0.9	−0.8	−0.7	−0.7	−0.7	−0.6	−0.5	−0.5	−0.5	−0.4	−0.3	−0.4
1986	−0.5	−0.4	−0.2	−0.2	−0.1	0	0.3	0.5	0.7	0.9	1.1	1.2
1987	1.2	1.3	1.2	1.1	1	1.2	1.4	1.6	1.6	1.5	1.3	1.1
1988	0.7	0.5	0.1	−0.2	−0.7	−1.2	−1.3	−1.2	−1.3	−1.6	−1.9	−1.9
1989	−1.7	−1.5	−1.1	−0.8	−0.6	−0.4	−0.3	−0.3	−0.3	−0.3	−0.2	−0.1
1990	0.1	0.2	0.2	0.2	0.2	0.2	0.3	0.3	0.3	0.3	0.3	0.4

资料来源：美国国家海洋与大气管理局气候预测中心。

表 5-2　太平洋赤道地区厄尔尼诺事件（拉尼娜事件）

年份	1月	2月	3月	4月	5月	6月	7月	8月	9月	10月	11月	12月
1963	L	N	N	N	N	N	E	E	E	E	E	E
1964	E	N	N	L	L	L	L	L	L	L	L	L
1965	L	N	N	N	N	E	E	E	E	E	E	E
1966	E	E	E	E	N	N	N	N	N	N	N	N
1967	N	N	N	N	N	N	N	N	N	N	N	L
1968	L	L	L	L	N	N	N	N	N	N	E	E
1969	E	E	E	E	E	E	N	N	E	E	E	E

续表 5-2

年份	1 月	2 月	3 月	4 月	5 月	6 月	7 月	8 月	9 月	10 月	11 月	12 月
1970	E	N	N	N	N	N	L	L	L	L	L	L
1971	L	L	L	L	L	L	L	L	L	L	L	L
1972	L	N	N	N	E	E	E	E	E	E	E	E
1973	E	E	E	N	L	L	L	L	L	L	L	L
1974	L	L	L	L	L	L	L	L	L	L	L	L
1975	L	L	L	L	L	L	L	L	L	L	L	L
1976	L	L	L	L	L	N	N	N	E	E	E	E
1977	E	N	N	N	N	N	N	N	E	E	E	E
1978	E	N	N	N	N	N	N	N	N	N	N	N
1979	N	N	N	N	N	N	N	N	N	N	N	N
1980	N	N	N	N	N	N	N	N	N	N	N	N
1981	N	N	N	N	N	N	N	N	N	N	N	N
1982	N	N	N	N	E	E	E	E	E	E	E	E
1983	E	E	E	E	E	E	E	N	N	N	N	N
1984	N	N	N	N	N	N	N	N	N	L	L	L
1985	L	L	L	L	L	L	L	L	N	N	N	N
1986	N	N	N	N	N	N	N	E	E	E	E	E
1987	E	E	E	E	E	E	E	E	E	E	E	E
1988	E	E	N	N	L	L	L	L	L	L	L	L
1989	L	L	L	L	L	N	N	N	N	N	N	N
1990	N	N	N	N	N	N	N	N	N	N	N	N

注：E—厄尔尼诺月；L—拉尼娜月；N—正常月。

5.3　南方涛动与 Coca 河流域水文情势相关性分析

5.3.1　降雨

　　Coca 河流域无详细的降雨资料，只有月降雨量。我们选择了 Papallacta（1963～1989 年）、Mision Josefina（1966～1989 年）和 San Rafael（1975～1989 年）三个代表站，收集月降雨资料。如果一个月的降雨量大于（或小于）该月份均值 50%，则定义为"丰水月（枯水月）"。分别统计丰水月、枯水月在厄尔尼诺事件、拉尼娜事件中出现的次数。表 5-3～

表5-8列出了厄尔尼诺(或拉尼娜)事件发生的月份中,极值天气出现的概率,将其与正常月份出现概率相比较。

表5-3 Papallacta 气象站厄尔尼诺/拉尼娜月极端偏枯概率统计

项目	偏枯月(-50%)	总月份	偏枯概率(%)	概率距平(%)
在厄尔尼诺月	9	83	10.8	-0.8
在拉尼娜月	5	95	5.3	-6.3
在正常月份	22	133	16.5	5.0
总计	36	311	11.6	

表5-4 Papallacta 气象站厄尔尼诺/拉尼娜月极端偏丰概率统计

项目	偏丰月(+50%)	总月份	偏丰概率(%)	概率距平(%)
在厄尔尼诺月	14	83	16.9	1.4
在拉尼娜月	14	95	14.7	-0.7
在正常月份	20	133	15.0	-0.4
总计	48	311	15.4	

表5-5 Mision Josefina 气象站厄尔尼诺/拉尼娜月极端偏枯概率统计

项目	偏枯月(-50%)	总月份	偏枯概率(%)	概率距平(%)
在厄尔尼诺月	1	69	1.4	-3.8
在拉尼娜月	3	75	4.0	-1.3
在正常月份	10	122	8.2	2.9
总计	14	266	5.3	

表5-6 Mision Josefina 气象站厄尔尼诺/拉尼娜月极端偏丰概率统计

项目	偏丰月(+50%)	总月份	偏丰概率(%)	概率距平(%)
在厄尔尼诺月	3	69	4.3	-0.9
在拉尼娜月	2	75	2.7	-2.6
在正常月份	9	122	7.4	2.1
总计	14	266	5.3	

表 5-7　San Rafael 气象站厄尔尼诺/拉尼娜月极端偏枯概率统计

项目	偏枯月(-50%)	总月份	偏枯概率(%)	概率距平(%)
在厄尔尼诺月	4	44	9.1	4.5
在拉尼娜月	0	37	0.0	-4.6
在正常月份	4	93	4.3	-0.3
总计	8	174	4.6	

表 5-8　San Rafael 气象站厄尔尼诺/拉尼娜月极端偏丰概率统计

项目	偏丰月(+50%)	总月份	偏丰概率(%)	概率距平(%)
在厄尔尼诺月	1	44	2.3	0.6
在拉尼娜月	1	37	2.7	1.0
在正常月份	1	93	1.1	-0.7
总计	3	174	1.7	0.0

表 5-3~表 5-8 中显示,Papallacta、Mision Josefina 和 San Rafael 三个站,在厄尔尼诺、拉尼娜事件发生时期,极端天气的出现概率并没有增长。最大的增长仅为 5.0%,多数情况下其发生概率甚至小于正常月份。

5.3.2　径流

选取具有流域代表性的 Quijos en Baeza 站(插补延长的系列 1964~1990 年)和 Coca en San Rafael 站(插补延长的系列 1964~1990 年)水文站,统计这些站点的月径流资料,将大于(或小于)当月平均水平 50% 的值,作为偏丰或偏枯的极端天气。分别统计丰水月、枯水月在厄尔尼诺事件、拉尼娜事件中出现的次数。表 5-9~表 5-12 列出了厄尔尼诺(或拉尼娜)事件发生的月份中极值天气出现的概率,将其与正常月份出现概率相比较。

表 5-9　Quijos en Baeza 水文站厄尔尼诺/拉尼娜月极端偏枯概率统计

项目	偏枯月(-50%)	总月份	偏枯概率(%)	概率距平(%)
在厄尔尼诺月	1	79	1.3	-0.9
在拉尼娜月	1	94	1.1	-1.1
在正常月份	5	140	3.6	1.4
总计	7	313	2.2	

表 5-10   Quijos en Baeza 水文站厄尔尼诺/拉尼娜月极端偏丰概率统计

项目	偏丰月（+50%）	总月份	偏丰概率（%）	概率距平（%）
在厄尔尼诺月	4	79	5.1	1.6
在拉尼娜月	5	94	5.3	1.8
在正常月份	2	140	1.4	−2.1
总计	11	313	3.5	

表 5-11   Coca en San Rafael 水文站厄尔尼诺/拉尼娜月极端偏枯概率统计

项目	偏枯月（−50%）	总月份	偏枯概率（%）	概率距平（%）
在厄尔尼诺月	1	79	1.3	0.0
在拉尼娜月	0	94	0.0	−1.3
在正常月份	3	140	2.1	0.8
总计	4	313	1.3	

表 5-12   Coca en San Rafael 水文站厄尔尼诺/拉尼娜月极端偏丰概率统计

项目	偏丰月（+50%）	总月份	偏丰概率（%）	概率距平（%）
在厄尔尼诺月	0	79	0.0	−3.2
在拉尼娜月	5	94	5.3	2.1
在正常月份	5	140	3.6	0.4
总计	10	313	3.2	

表 5-9~表 5-12 中显示,Quijos en Baeza 和 Coca en San Rafael 站,在厄尔尼诺、拉尼娜事件发生时期,极端径流的出现概率并没有增长。最大的增长仅为 2.12%,多数情况下其发生概率甚至小于正常年份。

5.3.3 洪水

以 Coca en San Rafael 水文站(1972~1995 年及 2009 年系列)作为分析洪水的代表站。统计发生在厄尔尼诺(拉尼娜)月份中的年最大洪水发生次数。表 5-13 显示了厄尔尼诺(拉尼娜)事件时发生洪水的频率,并和正常月份进行比较。

由表 5-13 可知,Coca en San Rafael 站,在厄尔尼诺、拉尼娜事件发生时期,洪水的出现概率并没有增长。1982~1983 年最为严重的一次厄尔尼诺事件,曾严重影响厄瓜多尔西部海岸,但从以上资料统计分析看,这次事件未对本流域洪水产生很大影响(只有 1 662 m³/s)。

表 5-13　Coca en San Rafael 水文站厄尔尼诺/拉尼娜月洪水概率统计

项目	年洪峰次数	总月份 (1972~1995 年,2009 年)	洪水概率 (%)	概率距平 (%)
在厄尔尼诺月	7	88	8.0	-0.3
在拉尼娜月	4	67	6.0	-2.3
在正常月份	14	145	9.7	1.4
总计	25	300	8.3	

5.3.4　结论

综上所述,无论是从月降雨、月径流还是从洪峰流量来看,厄尔尼诺事件、拉尼娜事件发生后,Coca 河流域的极端气候现象并没有增多,南方涛动现象和 Coca 河水量的丰枯没有明显的时间关联性。这是由于安第斯山脉对沃克环流的分隔作用,虽然距离太平洋海岸较近,但 Coca 河流域的气候更受大西洋影响而非太平洋的沃克环流。山脉两侧的气候类型差别较大,其受厄尔尼诺/拉尼娜事件的影响程度也不同。

第 6 章

来水来沙分析

6.1　以往成果

悬移质泥沙未进行连续测验,Coca AJ Malo、Coca en San Rafael 及 Quijos AJ Bombón、Salado AJ Coca 等 14 个测站进行了泥沙巡测。在阶段 A 中仅有各站 1985 年以前含沙量的最大值,见表 6-1;在阶段 B 中增加了 Coca AJ Malo、Coca DJ Salado 和 Quijos AJ Bombón 站 1986~1990 年的流量、含沙量测验资料,共有测验数据 38 组,见表 6-2。

表 6-1　1972~1985 年各站悬移质测量资料

测站名	测样数	流量(m³/s)		输沙率(kg/s)		含沙量(kg/m³)	
		最小值	最大值	最小值	最大值	最小值	最大值
Coca en San Rafael	60	82	687	3.9	1 239	0.029	2.30
Coca AJ Malo	55	68	816	1.9	5 488	0.015	9.94
Coca en La Gabarra	28	65	889	2.8	444	0.015	0.60
Quijos AJ Bombón	24	34	895	0.2	779	0.002	0.94
Quijos DJ Oyacachi	59	29	450	0.9	282	0.018	0.90
Quijos AJ Borja	23	19	399	0.9	804	0.015	2.02
Quijos en Baeza	51	18	135	0.3	414	0.020	3.51
Salado AJ Coca	40	23	198	0.3	153	0.011	0.77
Oyacachi AJ Quijos	40	11	150	0.2	92	0.004	0.83
Cosanga AJ Quijos	47	7	180	0.1	226	0.007	1.26
Santa Rosa AJ Quijos	25	1.2	25	0	115	0.011	11.26
Bombón AJ Quijos	8	3.2	9.6	0.1	0.55	0.011	0.13
Sardinas AJ Quijos	2	10	12	1.2	1.9	0.116	0.16
Coca en Codo Sinclair	32	119	889	4.7	1 112	0.022	1.25

表 6-2 主要水文站实测含沙量

水文站	日期(年-月-日)	流量(m³/s)	含沙量(kg/m³)
Coca AJ Malo	1987-02-22	487.4	4.034
	1987-02-22	481.9	4.196
	1987-02-23	438.8	4.833
	1987-02-23	422.6	4.128
	—	816	9.94
Coca DJ Salado(坝址)	1988-06-15	315.8	2.336
	1988-06-16	252.2	2.238
	1988-06-17	227.9	0.671
	1988-07-18	304.8	0.099
	1988-07-19	251.7	0.089
	1988-07-26	356	0.901
	1988-07-28	233.4	0.314
	1988-07-30	197.9	0.085
	1988-08-09	208.6	0.073
	1988-09-17	224.4	0.059
	1989-03-09	207.1	0.458
	1989-03-15	185.3	0.226
	1990-03-08	364.6	0.416
	1990-07-10	690.9	0.414
	1990-10-27	149.8	0.02
	1990-11-03	237.8	0.117
	1990-11-05	155.5	0.031
Coca en San Rafael	2008-10-21	206.1	0.014
	2008-10-26	368.3	0.153
	2009-02-22	312.456	0.051 5
	2009-02-24	261.438	0.009 9
	2009-03-24	194.686	0.023 5
	2011-01-29	143.7	0.028
	2011-02-26	148.9	0.049
	2011-04-05	126.5	0.032

按照各测站与首部引水枢纽坝址的位置关系,本次研究的泥沙测站主要有 Coca en San Rafael、Coca DJ Salado、Coca AJ Malo、Quijos AJ Bombón、Salado AJ Coca 五个测站。各站泥沙测验及资料情况分述如下(见表 6-3)。

表 6-3　主要泥沙测验站基本情况

河名	站名	控制面积 (km²)	观测时间	样本数(组)	
				含沙量	悬移质级配
Coca	Coca DJ Salado(坝址)	3 600	1988~1990 年	17	
	Coca AJ Malo	3 628	1975~1987 年	59	2
	Coca en San Rafael	3 790	1972~1985 年	60	10
Quijos	Quijos AJ Bombón	2 448	1972~1990 年	41	
Salado	Salado AJ Coca	771	1972~1985 年	40	2

(1)Coca DJ Salado 站是坝址站,控制流域面积 3 600 km²。于 1988 年建站,1988~1990 年进行了流量、含沙量测验,共有测验数据 17 组。

(2)Coca AJ Malo 站是坝址下游距坝址最近的测站,位于坝下 8 km,控制流域面积 3 628 km²,控制流域面积是坝址站的 100.8%,与坝址控制范围基本一致。在坝址泥沙测验资料缺乏的情况下,可以借用本站资料进行相关分析和设计。该站于 1975 年建站,进行了流量、含沙量测验,共有测验数据 59 组,其中 1985 年以前 55 组(仅有最大值),1987 年 4 组。另 1985 年以前,该站还进行了悬移质泥沙级配观测,共有测验数据 2 组。

(3)Coca en San Rafael 站位于坝下 19 km,控制流域面积 3 790 km²,控制流域面积是坝址站的 105.3%。该站于 1972 年建站,于 1987 年大地震中摧毁,建站期间进行了流量、含沙量测验,共有测验数据 60 组(仅有最大值)。另 1985 年以前,该站还进行了悬移质泥沙级配观测,共有测验数据 10 组。

(4)Quijos AJ Bombón 站位于坝址上游,距坝 15.6 km,控制流域面积 2 448 km²,占坝址控制流域面积的 68%。于 1972 年建站,1972~1990 年进行了流量、含沙量测验,共有测验数据 41 组,其中 1985 年以前 24 组(仅有最大值),1987 年 17 组。

(5)Salado AJ Coca 站是支流 Salado 河的把口站。Salado 河在坝址上游 1 km 处汇入 Coca 河,Salado AJ Coca 站位于沟口上游 14 km 处,控制流域面积 771 km²,占坝址控制流域面积的 21%。于 1972 年建站,在 1987 年大地震中被摧毁,1972~1985 年进行了流量、含沙量测验,共有测验数据 40 组(仅有最大值)。另 1985 年以前,该站还进行了悬移质泥沙级配观测,共有测验数据 2 组。

Quijos AJ Bombón 和 Salado AJ Coca 两站的控制流域面积合计为 3 219 km,占坝址控制流域面积的 89%。

根据 1972~1987 年 Coca en San Rafael 站实测资料分析,来水年际变化不大,多年平均水量为 97.57 亿 m³,1976 年水量最大,为 118.4 亿 m³,年水量最小值为 1979 年的 80.4

亿 m³。

1988 年以前坝址没有设立水文站,无实测泥沙资料。1988～1990 年,坝址 Coca DJ Salado 水文站有 17 组泥沙观测资料,实测最大含沙量为 2.336 kg/m³。坝址下游 Coca AJ Malo 站有 5 组泥沙观测资料,实测最大含沙量为 9.94 kg/m³;坝址下游 Coca en San Rafael 站有 8 组泥沙观测资料,实测最大含沙量为 0.153 kg/m³。

原设计各阶段输沙量计算结果见表 6-4。A 阶段设计 Coca AJ Malo 站年平均输沙量悬移质为 740.7 万 t/a,推移质为 51.6 万 t/a,总沙量为 792.3 万 t/a,推移质占悬移质的 7.0%;Coca en San Rafael 站年平均输沙量悬移质为 860.3 万 t/a,推移质为 213.5 万 t/a,总沙量为 1 073.8 万 t/a,推移质占悬移质的 24.8%;Quijos 河 Quijos AJ Bombón 站年平均输沙量悬移质为 380.1 万 t/a,推移质为 97.1 万 t/a,总沙量为 477.2 万 t/a,推移质占悬移质的 25.5%;Salado 河 Salado AJ Coca 站年平均输沙量悬移质为 251.0 万 t/a,推移质为 62.8 万 t/a,总沙量为 313.8 万 t/a,推移质占悬移质的 25.0%。B 阶段设计坝址(Coca DJ Salado 站)年平均输沙量悬移质为 2 098.8 万 t/a,推移质为 206.0 万 t/a,总沙量为 2 304.8 万 t/a,推移质占悬移质的 9.8%。Quijos 河 Quijos AJ Bombón 站年平均输沙量悬移质为 557.4 万 t/a,推移质为 169.0 万 t/a,总沙量为 726.4 万 t/a,推移质占悬移质的 30.3%。

表 6-4 各站点的输沙量

站点	悬移质		推移质		泥沙总量	
	沙量 (万 t/a)	输沙模数 [t/(a·km²)]	沙量 (万 t/a)	输沙模数 [t/(a·km²)]	沙量 (万 t/a)	输沙模数 [t/(a·km²)]
阶段 A(1987 年地震前)						
Quijos AJ Bombón(E)	380.1	1 553	97.1	397	477.2	1 949
Salado AJ Coca(E)	251.0	3 256	62.8	815	313.8	4 070
Coca AJ Malo(E)	740.7	2 042	51.6	142	792.3	2 184
Coca en San Rafael(E)	860.3	2 270	213.5	563	1 073.8	2 833
阶段 B(1987 年地震后)						
Quijos AJ Bombón(E)	557.4	2 277	169.0	690	726.4	2 967
Quijos AJ Salado	800.9	2 992			800.9	2 992
Salado AJ Quijos	321.8	3 486	21.5	233	343.3	3 719
Coca DJ Salado(E)	2 098.8	5 830	206.0*	540*	2 304.8*	6 370

注:*代表估算值;悬移质沙量包含未测量的悬移质。

按照原设计 Quijos AJ Bombón 站、Salado AJ Coca 站、Coca en San Rafael 站计算所得推移质占悬移质的比例,首部引水枢纽入库推移质占悬移质的比例应为 20%～30%。但是计算所得坝址 Coca DJ Salado 站和坝下 Coca AJ Malo 站,推移质占悬移质的比例分别为

9.8%、7.0%。考虑到在 Quijos 河与 Salado 河的交汇口处,河道开阔,推移质泥沙大量淤积,在设计首部引水枢纽 Salado 水库入库推移质沙量时予以考虑,因此直接采用 Coca DJ Salado 站和 Coca AJ Malo 站计算所得推移质沙量,作为首部引水枢纽 Salado 水库入库推移质沙量,是偏小的。

6.2　地质灾害情况

由于区域内的地质灾害是本工程泥沙增加的主要诱因,因此在进行泥沙设计时对区域地质灾害进行了认真深入的分析研究,为泥沙设计提供参考。据调查,该区地质灾害主要表现为地震、火山、泥石流。火山喷发会带来大量火山灰,并常引发地震,地震有可能引发泥石流。

6.2.1　地震

据 1923~1987 年(65 年)地震监测资料统计,距坝 150 km 范围内发生 6 级以上地震 9 次,平均 7.2 年发生一次,见表 6-5。另据调查,2006 年、2007 年连续两年发生 6 级以上地震,坝址附近震感强烈。依此分析,1923~2009 年的 87 年时间里,区域内共发生 6 级以上地震 11 次,平均 8 年发生一次。

表 6-5　厄瓜多尔地震情况统计

发生时间			6 级以上(距坝 150 km 以内)				不同震级发生场次							合计场次
年	月	日	震级	北纬(°)	东经(°)	距坝址(km)	7~6.5	6.5~6	6~5.5	5.5~5	5~4	4~3	不详	
1955	5	11	6.8	0	-78	41	1	—	—	—	—	—	15	16
1987	3	5	6.9	0.151	-77.821	42	1	2	3	2	6	1	46	61
	9	22	6.2	-0.99	-78.05	96								
	3	5	6.1	0.48	-77.653	75								
1923	2	24	6.5	-0.4	-78.3	71	—	1	—	—	—	—	6	7
1961	12	4	6.4	0.3	-78.3	88		14	1	—	—	—	16	33
1959	1	26	6.2	-1	-77	117		2	2	—	—	—	23	27
1965	9	17	6.2	-1.43	-77.61	137	—	1	3	8	57	6	—	75
1949	8	5	6.7	-1.23	-78.4	138	1	—	—	—	—	—	5	6
合计			—	—	—	—	3	20	9	12	63	7	111	225
坝址			—	-0.2	-77.68	—	—	—	—	—	—	—	—	—

注:纬度为负表示南纬;经度为负表示西经。

6.2.2　火山喷发

流域内分布有三座活火山,分别为 Reventador 火山、Cayambe 火山及 Antisana 火山。Reventador 火山海拔 3 562 m,位于 Salado 坝址东北方向,距坝 15 km,距 Coca 河约 7 km。据报道,2002 年 11 月初 Reventador 火山大规模喷发,喷出的数以吨计的火山灰跨越首部引水枢纽及 Quijos 河、Salado 河,将 80 km 外的基多市彻底覆盖。Reventador 火山 11 月 3 日凌晨开始喷发,大规模喷发活动一直持续到次日上午,截至 5 日夜里仍有间歇的小规模喷发。除熔岩和大块的火山石外,该火山还喷发出大量的火山灰和含硫气体,喷涌而出的火山灰一直冲到 15 km 的高空。大量的火山灰很快随风吹遍基多市,仿佛为该市披上了一床厚厚的灰黑色"毯子"。这床"毯子"使基多市不堪重负,整个城市几乎陷入瘫痪。据调查,这次火山喷发后,基多的火山灰厚达 20 cm,许多房屋被压倒。

6.2.3　泥石流

据原报告分析,泥石流可在无任何诱因的情况下发生,可能是暴雨的后果,也可能由地震引发(1987 年 3 月大地震引发滑坡及泥石流)的,泥石流可能在未来反复发生,即使发生地点较远,但仍将对工程安全产生潜在威胁。

据现场调查,泥石流每年都有发生并淤堵河道,一般情况下,几场洪水过后,河道会很快恢复。

6.3　首部引水枢纽水沙系列设计

6.3.1　来水设计

根据径流设计成果,坝址天然径流系列为 1965～2006 年,其中 1973～1991 年有日流量过程,其他年份只有月平均流量资料。为了根据流量—含沙量关系计算悬移质沙量,本次进行了 42 年长系列来水设计。

按照设计年水量和参照年水量基本相等的原则,在 1973～1991 年具有日过程的径流系列中分别选取相应典型年,将 1964～1972 年与 1992～2006 年月径流资料转化成日流量过程。

按 1965～2006 年统计,坝址 4～9 月平均流量为 355 m^3/s,多年平均流量为 291 m^3/s;多年平均径流量为 91.9 亿 m^3,4～9 月平均水量为 56.2 亿 m^3,占年水量的 61.2%。

按 1973～1991 年统计,坝址多年平均流量为 287 m^3/s,多年平均径流量为 90.7 亿 m^3,4～9 月平均水量为 55.9 亿 m^3,占年水量的 61.6%。

坝址日流量频率见表 6-6。1965～2006 年各级流量出现的频率与 1973～1991 年基本相等,其中大于或等于 200 m^3/s 的出现概率分别为 65.08% 和 64.53%,大于或等于 500 m^3/s 的出现概率分别为 10.68% 和 10.45%,大于或等于 700 m^3/s 的出现概率分别为 3.94% 和 3.69%,大于或等于 1 500 m^3/s 的出现概率分别为 0.10% 和 0.12%。由此可见,流量设计是合理的。

表 6-6　坝址设计系列流量频率成果

流量 (m³/s)	各级流量频率统计			
	1973~1991 年		1965~2006 年	
	天数	频率(%)	天数	频率(%)
≥50	6 939	100	15 322	99.88
≥100	6 697	96.51	14 738	96.08
≥200	4 478	64.53	9 983	65.08
≥300	2 243	32.32	5 184	33.79
≥500	725	10.45	1 639	10.68
≥700	256	3.69	605	3.94
≥1 000	71	1.02	152	0.99
≥1 500	8	0.12	16	0.10
≥2 000	1	0.01	2	0.01

6.3.2　来沙设计

6.3.2.1　流量—含沙量关系

1. 可研阶段

可研阶段坝址仅采用了 Coca DJ Salado 站 1988~1990 年的流量、含沙量资料进行流量与含沙量关系的率定,采用的关系见式(6-1)及图 6-1。

$$S = \begin{cases} 0.02 & (Q < 160 \text{ m}^3/\text{s}) \\ 5 & (Q > 480 \text{ m}^3/\text{s}) \\ 1.383\ 8 \times 10^{-13}Q^{5.057\ 3} & (160 \text{ m}^3/\text{s} \leqslant Q \leqslant 480 \text{ m}^3/\text{s}) \end{cases} \quad (6\text{-}1)$$

2. 基础设计阶段

考虑到坝址下游邻近水文站有新测泥沙资料,并分析了地震灾害对泥沙的影响,基本设计阶段对坝址的流量—含沙量关系进行了重新率定。

1)增加采用下游水文站实测资料

Coca AJ Malo 站与 Coca en San Rafael 站均位于坝址下游,其流域面积分别为 3 628 km²、3 790 km²,与坝址流域面积 3 600 km² 分别相差 0.8%、5.3%,流域面积相近,且区间无较大支流汇入,水沙关系相似,可以采用其实测资料来进行坝址的流量与含沙量关系分析。因此,在分析坝址流量与含沙量关系时,增加采用了 Coca AJ Malo 站与 Coca en San Rafael 站的 13 组实测资料。

2)考虑地震灾害对泥沙的影响

据调查分析,工程区地震发生情况与实测含沙量见表 6-7。

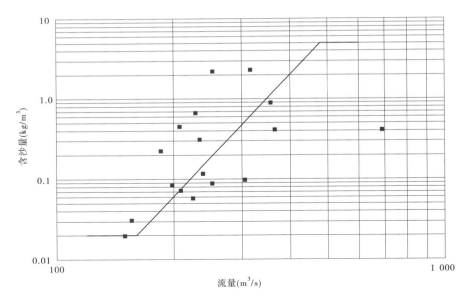

图 6-1 可研阶段坝址采用的流量—含沙量相关关系

1986 年 11 月 6 日至 1987 年 3 月 5 日发生了 3 次地震,1987 年 2 月 Coca AJ Malo 水文站所测含沙量普遍较高,最高含沙量为 4.833 kg/m³。此外,坝址上游约 17 km 处的 Quijos AJ Bombón 站,1987 年 2 月所测含沙量也普遍较高,最大含沙量高达 5.625 kg/m³。

1987 年 9 月 26 日至 10 月 19 日发生了 2 次地震,10 月 6 日坝址上游 Quijos AJ Bombón 水文站实测含沙量较高,为 2.719 kg/m³。

1988 年 5 月 20 日至 6 月 25 日发生了 5 次地震,6 月坝址水文站所测含沙量均较高。其中,1988 年 6 月 16 日在 S0.163°、W77.793°位置发生的地震震源距坝址约 13 km,当日坝址实测含沙量为 2.238 kg/m³。

1989 年 3 月 1 日至 3 月 23 日发生了 5 次地震,3 月坝址水文站实测含沙量相对于无地震情况时较高。

综上,地震发生期间实测含沙量均较大,基本上大于 1 kg/m³;无地震时实测含沙量均较小,基本上小于 0.1 kg/m³,说明地震灾害对泥沙有一定影响。

3) 采用的流量—含沙量关系

综上分析,基础设计阶段坝址采用的流量—含沙量关系见图 6-2。

有地震情况下坝址的流量和含沙量关系:

$$S = 7 \times 10^{-5} Q^{1.699}$$

无地震情况下坝址的流量和含沙量关系:

$$S = 6 \times 10^{-6} Q^{1.699}$$

一般情况下坝址的流量和含沙量关系:

$$S = 2 \times 10^{-5} Q^{1.699}$$

式中　S——含沙量,kg/m³;

　　　Q——流量,m³/s。

表 6-7　工程区地震发生情况与实测含沙量

地震发生情况			实测含沙量			水文站
	发生时间（年-月-日）	发生次数	观测时间（年-月-日）	含沙量（kg/m^3）	流量（m^3/s）	
有地震发生	1986-11-06～1987-03-05	3	1987-02-22	4.034	487.4	Coca AJ Malo
			1987-02-22	4.196	481.9	
			1987-02-23	4.833	438.8	
			1987-02-23	4.128	422.6	
			1987-02-21	5.625	395.3	Quijos AJ Bombón
			1987-02-22	1.488	297	
			1987-02-22	1.486	299.3	
	1987-9-26～1987-10-19	2	1987-10-06	2.719	210.2	
	1988-05-20～1988-06-25	5	1988-06-15	2.336	315.8	Coca DJ Salado
			1988-06-16	2.238	252.2	
			1988-06-17	0.671	227.9	
	1989-03-01～1989-03-23	5	1989-03-09	0.458	207.1	
			1989-03-15	0.226	185.3	
无地震发生	—	—	1988-07-18	0.099	304.8	
			1988-07-19	0.089	251.7	
			1988-07-26	0.901	356	
			1988-07-28	0.314	233.4	
			1988-07-30	0.085	197.9	
			1988-08-09	0.073	208.6	
			1988-09-17	0.059	224.4	
			1990-03-08	0.416	364.6	
			1990-07-10	0.414	690.9	
			1990-10-27	0.020	149.8	
			1990-11-03	0.117	237.8	
			1990-11-05	0.031	155.5	
			2008-10-21	0.014	206.1	Coca en San Rafael
			2008-10-26	0.153	368.3	
			2009-02-22	0.051 5	312.456	
			2009-02-24	0.009 9	261.438	
			2009-03-24	0.023 5	194.686	
			2011-01-29	0.028	143.7	
			2011-02-26	0.049	148.9	
			2011-04-05	0.032	126.5	

根据调查分析,地震对泥沙的影响一般会持续到下一年,如 1965 年和 1987 年分别发生了大于 6 级的大地震,分别对接下来的 1966 年和 1988 年坝址泥沙产生影响。1981 年和 1982 年连续两年发生 6 级地震(距坝 150 km 以外)。Reventador 火山在 2002 年发生大规模喷发,并对接下来的 2003 年产生影响。2006 年发生了大于 6 级的大地震。

因此,在计算含沙量时,地震影响年(1965 年、1966 年、1981 年、1982 年、1987 年、1988 年、2003 年、2006 年)均采用有地震情况的流量—含沙量相关关系(上线)进行计算,其他年份则采用一般情况下的流量—含沙量关系线(中线)进行计算。

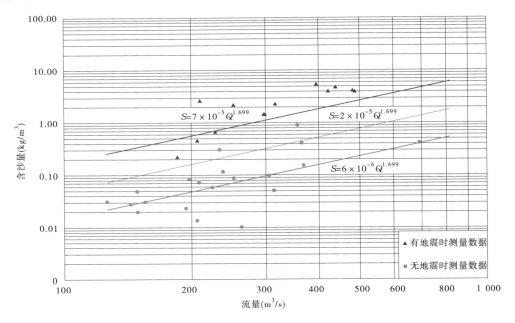

图 6-2 基础设计阶段坝址采用的流量—含沙量相关关系

6.3.2.2 入库沙量

入库悬移质沙量根据 1965~2006 年设计的日流量过程,按照上述流量—含沙量关系进行计算。另外,距河床以上大约 25 cm 范围的悬移质泥沙无法测量,在计算悬移质沙量时应增加这部分泥沙,该部分泥沙占悬移质总沙量的比例参考原可研阶段设计成果(1965~1985 年采用 2.57%,1986~2006 年采用 13.55%)。

对于推移质沙量,可研阶段设计中 A 阶段设计 Coca en San Rafael 站推移质占悬移质的 24.8%;Quijos 河 Quijos AJ Bombón 站推移质占悬移质的 25.5%;Salado 河 Salado AJ Coca 站推移质占悬移质的 25.0%。B 阶段设计 Quijos 河 Quijos AJ Bombón 站推移质占悬移质的 30.3%。按照原设计 Quijos AJ Bombón 站、Salado AJ Coca 站、Coca en San Rafael 站计算所得推移质占悬移质的比例,首部引水枢纽入库推移质占悬移质的比例为 20%~30%。

参考原设计,本次从安全角度考虑推移质按悬移质的 30% 计算。经计算,坝址多年平均悬移质沙量为 932.0 万 t,推移质沙量为 279.6 万 t,总沙量为 1 211.6 万 t,多年平均悬移质含沙量为 1.01 kg/m³,各时段入库水沙特征值见表 6-8。本次设计与可研阶段入库沙量对比见表 6-9。

表 6-8　Salado 水库水沙特征值

时段	水量(亿 m³)			悬移质沙量(万 t)			含沙量(kg/m³)		
	汛期	非汛期	年	汛期	非汛期	年	汛期	非汛期	年
1965~1971 年	58.8	38.8	97.6	1 003.6	330.7	1 334.3	1.71	0.85	1.37
1972~1986 年	57.2	35.6	92.8	605.1	189.6	794.7	1.06	0.53	0.86
1987~1990 年	53.0	34.8	87.8	892.6	417.1	1 309.7	1.68	1.20	1.49
1991~2006 年	55.0	34.4	89.5	575.1	215.2	790.3	1.04	0.63	0.88
1965~2006 年	56.2	35.6	91.9	687.5	244.5	932.0	1.22	0.69	1.01

注:汛期指每年的 4~9 月。

表 6-9　各阶段设计入库沙量统计

时期	阶段	入库泥沙			水量(亿 m³)	平均含沙量(kg/m³)
		悬移质(万 t)	推移质(万 t)	总沙量(万 t)		
1972~1986 年	原设计阶段 A	740.7	51.6	792.3	93.1	0.80
	本次设计	794.7	238.4	1 033.1	92.8	0.86
1987~1990 年	原设计阶段 B	2 098.8	206.0	2 304.8	92.6	2.27
	本次设计	1 309.7	392.9	1 702.7	87.8	1.49
1973~1991 年	本次设计	895.6	268.7	1 164.3	90.7	0.99
1965~2006 年	本次设计	932.0	279.6	1 211.6	91.9	1.01
连续 4 年最大	原设计	2 098.8	206.0	2 304.8	92.6	2.27
	本次设计	1 813.9	544.2	2 358.1	107.8	1.86

注:原设计为可研阶段,本次设计为基础设计阶段。

由表 6-9 可知,可研阶段 1987~1990 年平均含沙量比本次设计的偏大,主要原因是可研阶段采用的流量—含沙量关系中流量大于 480 m³/s 时含沙量均为 5.0 kg/m³,根据该关系线计算出含沙量大于或等于 5.0 kg/m³ 的出现概率为 11.9%,高含沙量出现的概率较大。根据本次率定的关系线计算出含沙量大于或等于 5.0 kg/m³ 的出现概率为 0.6%,高含沙量出现的概率较小。根据坝址 Coca DJ Salado 站实测的 17 组数据统计,实测平均含沙量为 0.56 kg/m³,增加采用下游水文站的 12 组实测资料后,实测平均含沙量为 1.3 kg/m³,基础设计阶段计算的平均含沙量为 1.01 kg/m³,与实测含沙量比较接近。各级含沙量出现概率见表 6-10。

表 6-10　不同含沙量出现概率

含沙量 S (kg/m³)	可研阶段		基础设计阶段		坝址站 实测资料统计		增加采用下游水文站 实测资料统计	
	概率 (%)	平均含沙量 (kg/m³)	概率 (%)	平均含沙量 (kg/m³)	概率 (%)	平均含沙量 (kg/m³)	概率 (%)	平均含沙量 (kg/m³)
$S<1.0$	74.9	0.24	85.3	0.40	88.2	0.31	79.3	0.2
$1.0 \leqslant S<2.0$	6.6	1.42	9.8	1.40	0	0	0	0
$2.0 \leqslant S<5.0$	6.6	3.23	4.3	2.94	11.8	2.29	20.7	3.8
$S \geqslant 5.0$	11.9	5.00	0.6	9.31	0	0	0	0
合计	100	1.96	100	1.01	100	0.56	100	1.3

6.4　泥沙级配

6.4.1　悬移质泥沙级配

实测的悬移质级配见表 6-11，以 Coca AJ Malo 站分析，悬移质来沙中以粒径大于 0.063 mm 的泥沙为主，占悬移质来沙的 75%；0.005~0.063 mm 占 15%；小于 0.005 mm 的占 10%。

表 6-11　实测悬移质泥沙级配　　　　　　　　　　　　　　　　　（%）

位置	日期 (年-月-日)	黏土 <0.005 mm	粉沙 0.005~ 0.063 mm	沙 >0.063 mm	平均 0~ 0.005 mm	平均 0.005~ 0.063 mm	平均 >0.063 mm
Coca AJ Malo	1978-6-26	5	21	74	10	15	75
	1978-6-27	14	9	77			
Salado AJ Coca	1978-4-10	34	16	50	34	16	50
	1977-5-10	18	20	62	18	20	62
Coca en San Rafael	1976-7-09	6	11	83	8	32	60
	1976-7-09	10	52	38			
	1977-3-28	36	32	32			
	1977-3-28	30	46	24	24	43	33
	1977-3-28	6	50	44			

续表 6-11

位置	日期 （年-月-日）	黏土 <0.005 mm	粉沙 0.005~ 0.063 mm	沙 >0.063 mm	平均		
					0~ 0.005 mm	0.005~ 0.063 mm	>0.063 mm
Coca en San Rafael	1977-05-01	12	70	18	13	70	17
	1977-05-01	18	64	18			
	1977-05-01	10	72	18			
	1977-05-01	10	74	16			
	1978-03-08	19	53	28	19	53	28
平均					18	36	46

　　本阶段在坝址附近采集了两组沙样,经分析各组泥沙级配见表 6-12。1 号沙样为坝址附近悬移质泥沙,中数粒径为 0.061 mm。由于采样时流量较小,因此仅以此沙样代表入库流量较小时悬移质泥沙。2 号沙样取自落淤在坝址处滩地上的泥沙,粒径较粗,中数粒径为 0.13 mm,可以近似代替大水时悬移质泥沙级配。由于来水较大时或发生地质灾害时两岸坡积物将进入河流,悬移质泥沙将明显变粗,若仍然采用 1 号沙样进行大水时和发生地质灾害时的泥沙设计明显不合理,出于安全考虑,在来水较大时和发生地质灾害时悬移质泥沙级配采用 2 号沙样。根据设计入库流量、含沙量系列,计算分组输沙率($Q \leqslant$ 350 m³/s 采用 1 号级配,$Q>350$ m³/s 采用 2 号级配),得到悬移质月平均级配见表 6-13,年平均悬移质级配曲线见图 6-3,可知悬移质中数粒径为 0.12 mm。

表 6-12　各组泥沙级配

粒径级（mm）		0.01	0.04	0.07	0.1	0.25	5	2	d_{50}
小于某粒径的 沙重百分数(%)	1 号沙样	6.5	26	61	76	95.3	97.7	100	0.061
	2 号沙样	1	5	12	33	96	99.6	100	0.13

表 6-13　悬移质月平均级配

粒径 （mm）	小于某粒径的沙重百分数(%)											
	1 月	2 月	3 月	4 月	5 月	6 月	7 月	8 月	9 月	10 月	11 月	12 月
0.01	2.7	2.3	2.0	2.3	2.0	1.6	1.3	2.1	3.1	3.3	3.4	3.6
0.04	11.3	10.0	9.0	9.9	8.8	7.1	6.3	9.1	12.8	13.8	14.3	15.0
0.05	15.4	13.5	11.9	13.4	11.7	9.2	8.0	12.2	17.7	19.1	19.9	21.0
0.06	21.0	18.5	16.5	18.4	16.3	13.1	11.5	16.9	23.9	25.7	26.7	28.1
0.07	26.7	23.7	21.2	23.5	20.9	17.0	15.1	21.6	30.2	32.4	33.7	35.3
0.1	45.9	43.2	41.1	43.1	40.8	37.4	35.7	41.5	49.0	50.9	52.1	53.5

续表 6-13

粒径	小于某粒径的沙重百分数(%)											
(mm)	1 月	2 月	3 月	4 月	5 月	6 月	7 月	8 月	9 月	10 月	11 月	12 月
0.25	95.8	95.8	95.9	95.8	95.9	95.9	96.0	95.9	95.8	95.7	95.7	95.7
0.5	99.0	99.1	99.2	99.1	99.3	99.4	99.5	99.2	98.9	98.8	98.8	98.7
2	100	100	100	100	100	100	100	100	100	100	100	100

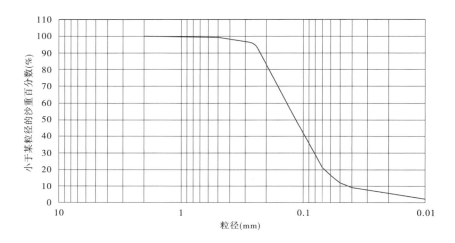

图 6-3　坝址悬移质级配曲线

6.4.2　床沙级配

根据实测河床质泥沙级配(见表 6-14)知,坝址 Coca DJ Salado 站河床质中数粒径为 41 mm。

表 6-14　实测河床质泥沙级配

采样位置	D_c (mm)	d_{95} (mm)	d_{90} (mm)	d_{70} (mm)	d_{50} (mm)	d_{30} (mm)	d_{10} (mm)	d_5 (mm)
A'R. Quijos AJ Bombón	230	330	298	155	80	38	1.3	0.45
B R. Quijos AJ Salado	165	114	100	55	30	5.7	0.85	0.3
C R. Salado AJ Quijos	122	177	147	76	50	20	1	0.4
E'R. Coca DJ Salado	114	119	102	57	41	25	0.85	0.35
E'R. Coca DJ Salado	198	183	163	112	56	30	2.1	0.4

注:D_c 为河床质平均粒径;d_{90} 为小于该粒径的沙重占总沙重的 90%。

6.5　调蓄水库天然来沙情况

　　调蓄水库没有实测泥沙资料,根据输沙模数估算入库沙量。坝址处悬移质平均输沙模数为 4 000 t/(a·km²),流域面积为 7.2 km²,则年均天然入库悬移质输沙量为 2.88 万 t,参考原设计,推移质按悬移质的 20% 计算,为 0.576 万 t,则调蓄水库年来沙量为 3.456 万 t。调蓄水库年平均天然来水流量 0.99 m³/s,则平均天然来水含沙量为 0.92 kg/m³。

第 7 章

首部枢纽水库淤积

7.1 水库概况

  首部枢纽水库坝址位于 Coca 河与 Quijos 河交界下游 1 km 处,坝址控制流域面积 3 600 km²。库区干、支流均为卵石河床,由上游峡谷河段挟带的大量推移质堆积在首部枢纽河口以下河段,形成众多的沙砾滩。据 2010 年 1 月地形分析测验资料,坝址(Coca10 断面)河床最低点高程约 1 256.1 m,河谷宽度约 150 m,见图 7-1。

  库区干流天然河道比降约 5‰,支流首部枢纽河天然河道比降约 8.9‰,见图 7-2 及图 7-3。

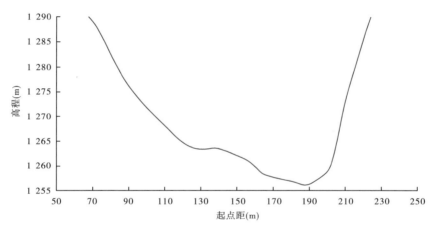

图 7-1　坝址(Coca10)断面图

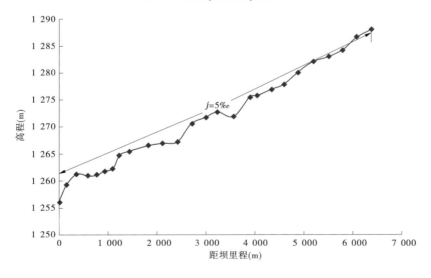

图 7-2　库区纵剖面

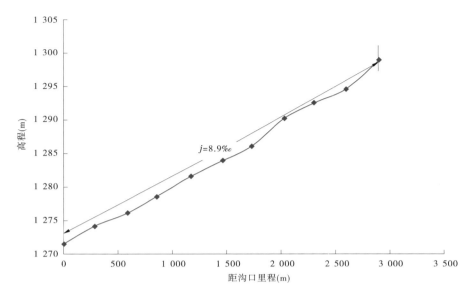

图 7-3　首部枢纽河纵剖面

7.2　原始库容

根据黄河勘测规划设计有限公司 2010 年 1 月实测的 1∶10 000 地形图进行首部枢纽水库的原始库容量算,库容、面积成果见表 7-1,库容曲线见图 7-4。1 275 m 水位以下库容为 804.9 万 m³,相应溢流堰顶高程 1 275.5 m 以下库容 911.9 万 m³;其中,支流首部枢纽河库区库容仅 20.3 万 m³。库容的增加率随高程的增高而加大,在 1 270~1 275 m 高程间库容为 571.4 万 m³,1 275~1 280 m 间库容为 1 072.7 万 m³,1 280~1 285 m 间库容为 1 518.1 万 m³。

表 7-1　首部枢纽水库原始库容与面积

项目		高程(m)							
		1 260	1 265	1 270	1 275	1 275.5	1 280	1 285	1 290
库容 (万 m³)	干流	2.2	35.8	233.2	792.8	891.5	1 780.3	3 108.8	4 660.0
	支流	0	0	0	11.8	20.3	97.0	286.6	569.1
	合计	2.2	35.8	233.2	804.6	911.9	1 877.3	3 395.4	5 229.1
面积 (万 m²)	干流	1.3	14.4	71.8	155.8	164.3	241.2	290.7	329.9
	支流	0	0	0	7.1	9.3	29.5	47.0	66.5
	合计	1.3	14.4	71.8	162.9	173.6	270.7	337.7	396.4

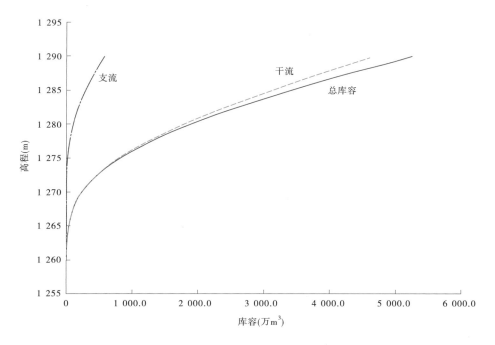

图 7-4 首部枢纽水库原始库容曲线

7.3 水库淤积

一般来说,水库有壅水排沙(包括异重流)及敞泄排沙两种排沙运行方式。采用巴家嘴、三门峡、汾河、官厅等多座已建水库的实际资料建立壅水排沙关系,见图 7-5。图 7-5 中 V_w 为蓄水容积,万 m^3;$Q_入$ 为入库流量,m^3/s;$Q_出$ 为出库流量,m^3/s;$Q_{s入}$ 为入库输沙率,kg/s;$Q_{s出}$ 为出库输沙率,kg/s。采用图 7-5 中低含沙量水库壅水排沙关系线。

敞泄排沙关系式为

$$Q_{s出} = k \cdot (\frac{s_入}{Q_入})^{0.7} \cdot (Q_出 \cdot i)^2$$

式中 $Q_{s出}$——出库输沙率,t/s;

$\dfrac{s_入}{Q_入}$——入库来沙系数;

i——水面比降与流量的大小和水位的高低有关;

k——敞泄排沙系数。

按照上述计算方法,采用设计水沙系列进行水库冲淤计算,至第 2 年底水库正常蓄水位以下基本淤满,水库有效库容见表 7-2。

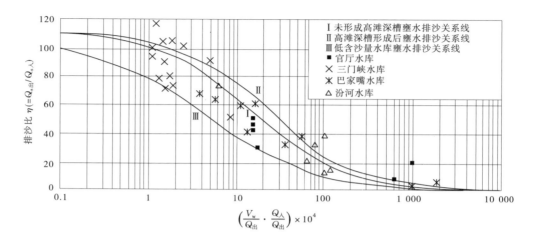

图 7-5　水库壅水排沙关系

表 7-2　首部枢纽水库有效库容

项目	高程（m）							
	1 260	1 265	1 270	1 275	1 275.5	1 280	1 285	1 290
原始库容（万 m³）	2.2	35.8	233.2	804.9	912.2	1 877.4	3 395.4	5 229.1
有效库容（万 m³）	0	0	0	20.2	54.4	533.1	1 933.1	3 766.8

　　水库蓄水拦沙运用纵向淤积形态为三角洲淤积形态,其形成条件是:坝前水位较稳定,壅水水位较高,其回水长度较长,其蓄水库容相对于来水量或来沙量而言比较大,水库淤积百分数等于或大于三角洲淤积百分数。水库三角洲淤积形态包括尾部段、顶坡段、前坡段、坝前冲刷漏斗段。

　　三角洲顶坡段为准平衡输沙,顶坡段比降可以按接近输沙平衡比降计算。三角洲顶坡段和尾部段形成接近平衡输沙的河槽。

　　执照水库运用的目的要求,可以控制淤积三角洲推进的部位在某一范围,在此控制部位的范围内,可以按照需要短时间迅速大幅度降低水库蓄水位已泄空水库的水位,进行强烈溯源冲刷,迅速消除淤积物恢复库容,当恢复库容后,迅即恢复蓄水拦沙运用,恢复三角洲淤积形态的逐渐推进过程。如此长时间蓄水拦沙运用形成三角洲淤积体和短时间降低水位泄空水库溯源冲刷三角洲淤积体恢复库容,可以长期利用水库为兴利服务,解决水库泥沙处理问题,不需要按水库淤积平衡设计水库和运用水库,极大地提高水库兴利运用效益。头屯河水库的运用实践就提供一个小水库的范例。

　　（1）水库尾部段淤积比降

$$i_{尾} = 0.054 i_0^{0.67}$$

式中　i_0——原河床纵比降。

　　（2）水库三角洲顶坡段淤积比降

$$i_{顶} = 0.054 i_{尾}^{0.67}$$

（3）三角洲前坡段比降，按 42 倍顶坡段比降计算。

按上述方法，算得尾部段纵比降为 1.6‰，顶坡段比降为 0.7‰，前坡段比降为 29‰。

考虑洪水滞洪淤积形成滩地，设计坝前滩面高程为 1 278 m，相当于水库泄流规模条件下洪峰流量 2 000 m³/s 的坝前水位高程。库区滩面纵比降按下式计算：

$$i_{滩} = 50 \times 10^{-4}/\overline{Q}_{洪}^{0.44}$$

算得洪峰流量 2 000 m³/s 的滩面比降为 0.176%。

如图 7-6 所示为水库正常蓄水位 1 275.5 m 蓄水拦沙运用时期的三角洲淤积形态。水库运行水位 1 275.5 m 的水平回水长度 3 880 m，推移质淤积末端距坝 4 650 m，在悬移质淤积末端断面，推移质最大淤积厚度为 2 m。

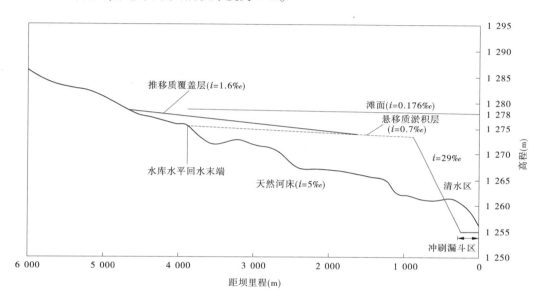

图 7-6　水库设计淤积形态

7.4　水库运用方式

7.4.1　冲沙底孔前冲刷漏斗形态

冲沙闸闸前淤积高程达到 5 m 时排沙运行。

拟定两个方案：同时开启两个平板门底孔（方案一）；同时开启三个冲沙底孔（方案二）。分别分析两个方案下冲沙底孔前冲刷漏斗形态。

7.4.1.1　冲刷漏斗纵向形态

（1）冲沙底孔前冲刷坑平底段长度为

$$L = 0.32\left[\frac{Q}{\sqrt{\frac{\rho_s - \rho}{\rho}gD_{50}}}\right]^{1/2}$$

式中　L——底孔前冲刷深坑平底段长度，m；

　　　Q——底孔流量，m^3/s，平板门冲沙底孔全开时为 387 m^3/s，三个冲沙底孔全开时为 977 m^3/s；

　　　D_{50}——孔洞前淤积泥沙中数粒径，mm；

　　　ρ_s——泥沙密度，2.65 t/m^3；

　　　ρ——水密度，1.0 t/m^3。

经计算，方案一与方案二底孔前冲刷深坑平底段长度分别为 3.8 m、6.1 m。

（2）孔口前沿冲刷深度为

$$h_{冲} = 0.0889\left[\frac{Q}{\sqrt{\frac{\rho_s - \rho}{\rho}gD_{50}}}\right]^{1/2}$$

经计算，方案一与方案二底孔孔口前沿冲刷深度分别为 1.1 m、1.7 m。

排沙底孔底坎高程为 1 260.0 m，可得两种方案下冲刷漏斗底部高程分别为 1 258.9 m、1 258.3 m。

（3）冲刷平底段上口起坡段坡降为

$$i = 0.0055H + 0.286D_{50} - 0.01$$

式中　H——底孔孔口前（底坎以上）水深，m。

经计算，方案一与方案二冲刷平底段上口起坡段坡降均为 0.2。

冲沙底孔前冲刷漏斗纵剖面见图 7-7。

7.4.1.2　冲刷漏斗横向形态

（1）漏斗进口横断面底宽为

$$B_0 = 24.8Q^{0.28}$$

经计算，方案一与方案二漏斗进口横断面底宽分别为 131.5 m、170.5 m。

（2）冲沙底孔进水口前横断面

方案一与方案二冲沙底孔进水口前横断面底宽 b 分别为 11.5 m、25.25 m。

根据万兆惠方法，下坡段横向坡度为

$$m = 0.378 - 0.00135\lg(QU)$$

式中　U——孔口断面平均流速，两个方案分别为 9.6 m/s、9.3 m/s。

经计算，方案一与方案二冲沙底孔进水口前横断面横向坡降均为 0.4。

淤积面顶宽为

$$B = b + 2h \quad （m）$$

式中　h——孔口前淤积厚度，取 5 m。

经计算，方案一与方案二冲沙底孔进水口前横断面顶宽分别为 36.5 m、50.25 m。

冲沙底孔前冲刷漏斗横断面见图 7-8。

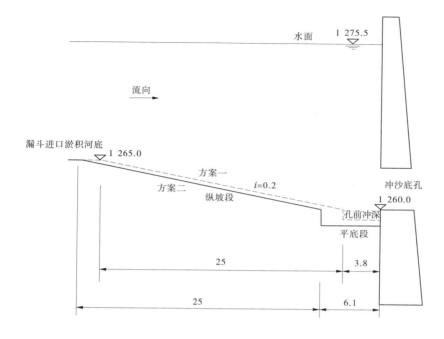

图 7-7　冲沙底孔前冲刷漏斗纵剖面　（单位:m）

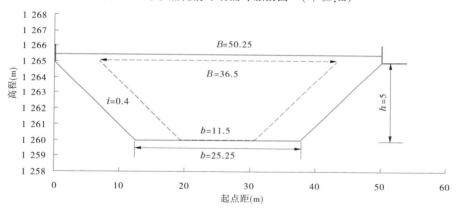

图 7-8　冲沙底孔前冲刷漏斗横断面

7.4.2　溢流坝运行方式

7.4.2.1　河道生态流量及电站运行要求

首部河道下放生态流量不小于 20 m³/s。当下游电站尾水河道流量大于 3 200 m³/s 时,电站停止发电,对应首部 Coca 河来水流量 2 670 m³/s 时停止引水进入输水洞。

7.4.2.2　溢流堰运行方式

坝前水位高于堰顶高程 1 275.5 m 时,溢流堰 8 孔全孔泄流。

7.4.2.3 冲沙闸运行方式

1. 运行时机

冲沙闸闸前淤积高程达到 5 m 时运行。

2. 闸门调度

根据闸前冲刷漏斗形态(冲沙量),分别计算冲沙运行时间。

首先,根据麦乔威经验公式计算水流挟沙力,公式如下:

$$S_* = 0.031 \frac{U^{2.25}}{R^{0.74}\omega^{0.77}}$$

式中 U——断面平均流速,m/s;

R——水力半径,m;

S_*——水流挟沙力;

ω——泥沙沉速,cm/s;

对于两个方案,算得水流挟沙力分别为 13.9 kg/m³、10.1 kg/m³。

其次,计算冲沙历时为

$$t = \frac{\rho_d V}{Q S_*}$$

式中 ρ_d——泥沙干容重;

V——冲沙体积;

Q——冲沙流量。

经计算,方案一与方案二冲沙时间分别为 0.8 h、0.7 h,见表7-3。两个方案的冲沙时间基本相同,从节约耗水角度考虑,建议采用方案一进行水库冲沙。

表 7-3 不同方案冲沙时间对比

闸门运行方式	两个平板门底孔运行	三个冲沙底孔同时运行
冲刷漏斗纵向长度(m)	28.8	31.1
冲刷体积(m³)	6 205	9 229
冲沙时间(h)	0.8	0.7

另外,当入库流量大于 2 670 m³/s 时,在满足生态泄流要求的前提下,可以利用多余水量进行排沙。

7.4.3 取水口运行方式

7.4.3.1 沉沙池引水入沉沙池控制

(1)水库不排沙时,根据上游来流情况拟定引水闸调度运行方式,见表7-4。

(2)水库排沙时,首先满足冲沙要求,其次满足引水要求。扣除冲沙流量后,引水进入沉沙池。

表 7-4　引水闸闸门运行方式

流量（m³/s）	引水闸闸门调度
$Q<34.48$	闸孔关闭
$34.48<Q\leqslant48.96$	开启 1 组闸孔
$48.96<Q\leqslant77.92$	开启 2 组闸孔
$77.92<Q\leqslant106.88$	开启 3 组闸孔
$106.88<Q\leqslant135.84$	开启 4 组闸孔
$135.84<Q\leqslant164.80$	开启 5 组闸孔
$164.80<Q\leqslant193.76$	开启 6 组闸孔
$193.76<Q\leqslant222.72$	开启 7 组闸孔
$Q>222.72$	开启 8 组闸孔
$Q>2\,670.00$	闸孔关闭

7.4.3.2　引水闸引水入冲沙廊道控制

引水闸引水入冲沙廊道根据上游来水进行控制。

当 $34.48<Q\leqslant251.68$ m³/s 时，引水入冲沙廊道流量 20 m³/s；

当 $251.68<Q\leqslant511.78$ m³/s 时，引水入冲沙廊道流量 10 m³/s；

当 $Q>511.78$ m³/s 时，关闭引水闸孔，停止引水入冲沙廊道。

7.4.4　沉沙池运行方式

7.4.4.1　Sedicon 排沙系统

1.运行时机

沉沙池淤积高程达到 1 264~1 264.7 m 时运行。

2.运行方式

Sedicon 冲沙系统控制根据上游来水含沙量进行控制，见表 7-5。

表 7-5　Sedicon 排沙系统运行方式

条件	运行方式
水位 1 280 m、大量泥石流、下游水位超过 1 266.33 m	关闭取水口； 避免取水口前泥沙淤积
含沙量大于 5 kg/m³	考虑关闭取水口； 如果运行，考虑连续冲洗 1 单元和 2 单元，并根据淤积高程自动周期性冲洗 3、4、5 单元或者周期性冲洗 3、4、5 单元，冲洗间隔不大于 3 h
含沙量 0.5~5 kg/m³	根据淤积高程自动周期性冲洗所有单元，冲沙间隔时间不大于 168 h

7.4.4.2 侧堰闸门调度

侧堰闸门通过堰前静水池水位进行自动控制。

当静水池水位大于 1 274.73 m,侧堰闸门自动打开,进行泄流,使水位满足小于 1 274.73 m 的要求。

7.4.5 结论及建议

坝前水位高于堰顶高程 1 275.5 m 时,溢流堰 8 孔全孔泄流。

冲沙闸闸前淤积高程达到 5 m 时开始冲沙,建议同时开启两个平板门底孔进行排沙。另外,当入库流量大于 2 670 m³/s 时,在满足生态泄流要求的前提下,可以利用多余水量进行排沙。

水库不排沙时,流量小于 2 670 m³/s 时,沉沙池引水闸根据上游来流情况进行调度。水库排沙时,首先满足冲沙要求,其次满足引水要求,扣除冲沙流量后,引水进入沉沙池。

引水闸引水入冲沙廊道根据上游来水进行控制。

沉沙池淤积高程达到 1 264~1 264.7 m 时,开始冲洗沉沙池。冲沙系统根据上游来水含沙量进行控制,含沙量在 0.5~5 kg/m³ 时根据淤积高程自动周期性冲洗所有单元,冲沙间隔时间不大于 168 h;含沙量大于 5 kg/m³ 时考虑连续冲洗 1 单元和 2 单元,并根据淤积高程自动周期性冲洗 3、4、5 单元或者周期性冲洗 3、4、5 单元,冲洗间隔不大于 3 h。

沉沙池侧堰闸门通过堰前静水池水位进行自动控制,当静水池水位大于 1 274.73 m 时,侧堰闸门自动打开。

第 8 章

沉沙池沉沙计算

设置沉沙池的目的是沉降大于 0.25 mm 的泥沙,减少粗泥沙颗粒过机。由于可研阶段与基本设计阶段所采用的流量—含沙量关系、悬移质颗粒级配曲线均不相同,本次通过不同条件下沉沙池泥沙沉降计算,分析沉沙池结构尺寸的合理性及沉沙效果。

8.1　计算条件

8.1.1　入池含沙量

时段平均入池含沙量按天然河道逐日平均含沙量和逐日引水流量统计计算,即

$$S = \frac{\sum_{i=1}^{T} Q_i S_i}{\sum_{i=1}^{T} Q_i}$$

$$Q_i = \begin{cases} Q_n (Q_n \leqslant Q_d) \\ Q_d (Q_n \geqslant Q_d) \end{cases}$$

式中　S——时段平均入池含沙量, kg/m³;

S_i——天然河道日平均含沙量, kg/m³;

Q_n——天然河道日平均流量,m³/s,计算时扣除生态流量 20 m³/s;

Q_d——设计引用流量,m³/s,222 m³/s;

Q_i——实际引用日平均流量,m³/s;

T——时段天数。

根据不同阶段的流量与含沙量关系,计算的沉沙池引水含沙量见表 8-1。根据可研阶段的流量与含沙量关系计算,年均引沙量 717 万 t,引水量 58.6 亿 m³,多年平均引水含沙量为 1.22 kg/m³;雨季平均引沙量 533 万 t,引水量 32.9 亿 m³,雨季平均引水含沙量为 1.62 kg/m³。

根据基础设计阶段的流量与含沙量关系计算,年均引沙量 387 万 t,引水量 58.6 亿 m³,多年平均引水含沙量为 0.66 kg/m³;雨季平均引沙量 265 万 t,引水量 32.9 亿 m³,雨季平均引水含沙量为 0.81 kg/m³。

表 8-1　沉沙池引水含沙量

阶段	流量与含沙量关系	入池含沙量(kg/m³)		
		多年平均	雨季平均	旱季平均
可研	$S = \begin{cases} 0.02 (Q<160 \text{ m}^3/\text{s}) \\ 5 (Q>480 \text{ m}^3/\text{s}) \\ 1.383\ 8\times10^{-13} Q^{5.057\ 3} (160 \text{ m}^3/\text{s} \leqslant Q \leqslant 480 \text{ m}^3/\text{s}) \end{cases}$	1.22	1.62	0.71

续表 8-1

阶段	流量与含沙量关系	入池含沙量（kg/m³）		
		多年平均	雨季平均	旱季平均
基础设计	$S=\begin{cases} 7\times10^{-5}Q^{1.699}（有地震影响）\\ 2\times10^{-5}Q^{1.699}（无地震影响）\end{cases}$	0.66	0.81	0.47

8.1.2 入池泥沙颗粒级配

入池泥沙颗粒级配见表 8-2。可研阶段入池泥沙中数粒径为 0.46 mm，基础设计阶段入池泥沙中数粒径为 0.105 mm。

表 8-2 入池泥沙颗粒级配

粒径（mm）	小于某粒径之沙重百分数（%）	
	可研阶段	基础设计阶段
0.01		3
0.04		12.6
0.05	6	17.5
0.06	8	23.6
0.07	10.0	29.8
0.1	20.0	48.6
0.25	32.0	95.7
0.5	52.0	98.9
2	100.0	100.0
D_{50}（mm）	0.46	0.105

8.1.3 沉沙池结构尺寸

沉沙池由 8 个条形室组成，池长 150 m，单室净宽 13 m，上部竖直段高 8.2 m，下部窄缩段高 5 m。设计水位 1 275.20 m，池底高程 1 263.8 m，池室横断面见图 8-1。

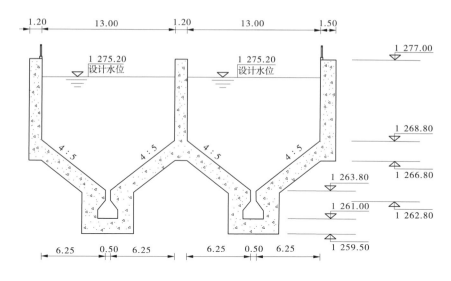

图 8-1　沉沙池横断面图　（单位：m）

8.2　沉沙池沉降计算方法

国内沉沙池设计中,泥沙沉降计算方法大致分为三种基本方法,即准静水沉降法、沉降概率法、超饱和输沙法,其中超饱和输沙法又分为一维超饱和输沙法和二维超饱和输沙法。

准静水沉降法是我国最早采用的一种沉沙池计算方法,1983 年出版的《河流泥沙工程学》、1984 年出版的《水工设计手册》、1992 年出版的《泥沙手册》,以及苏联 1983 年出版的《水工建筑物设计手册》都推荐了这种计算方法。沉降概率法是苏联《水电站沉沙池技术规范及设计标准》中推荐的沉降率计算方法。超饱和输沙法认为水流中的实际含沙量不一定恰等于其水流挟沙力,淤积时可能大于水流挟沙力,其中一维超饱和输沙法是按照一维问题,在一定条件下研究平均含沙量的沿程分布,抓住了平均含沙量沿程变化这一主要问题,计算较为简便,在沉沙池设计中逐渐被广泛应用。

8.2.1　准静水沉降法

准静水沉降法是一种最早用于沉沙池的计算方法,因采用的泥沙沉降速度值是对静水沉降速度修正得来的,故称为准静水沉降法。假定含沙量沿垂线均匀分布,其基本公式如下:

$$S_i = S_{0i}\left(1 - \frac{\omega_i L}{KvH}\right) \tag{8-1}$$

式中　S_i——计算池段出口断面的第 i 组含沙量, kg/m^3;

　　　S_{0i}——计算池段进口断面的第 i 组含沙量, kg/m^3;

ω_i——第 i 组泥沙平均沉速，m/s；

L——计算池段长度，m；

v——计算池段平均流速，m/s；

H——计算池段平均水深，m；

K——系数。

当泥沙为非均匀沙时，式(8-1)表征分组含沙量的沿程变化。将分组含沙量累加，即得全沙含沙量的沿程变化公式为

$$S = \sum_{i=1}^{n} S_i = \sum_{i=1}^{n} S_{0i}\left(1 - \frac{\omega_i L}{KvH}\right) \tag{8-2}$$

式中　S——计算池段出口全沙含沙量，kg/m^3；

n——泥沙分组数，根据本次过机泥沙分析要求，n 取 9。

分池段计算时，根据沉降率定义，某计算池段的分组沉降率为

$$\eta_{ki} = 1 - \frac{S_{ki}}{S_{0ki}} \tag{8-3}$$

式中　S_{ki}——第 k 计算池段出口断面的第 i 组含沙量；

S_{0ki}——第 k 计算池段进口断面的第 i 组含沙量。

将式(8-1)的相应值代入式(8-3)得

$$\eta_{ki} = \frac{\omega_i L_k}{Kv_k H_k} \tag{8-4}$$

式中　η_{ki}——计算池段的第 i 粒径组泥沙沉降率，以百分率表示，但在计算式中以比值表示；

ω_i——第 i 粒径组的泥沙平均沉速，m/s；

L_k——计算池段长，m；

v_k——计算池段平均流速，m/s；

H_k——计算池段平均水深，m；

K——系数，参考苏联《水工建筑物设计手册》，取 $K = 1.2$。

8.2.2　一维非饱和输沙法

沉沙池在沉沙运行中，处于淤积过程，池中各断面含沙量多处于超饱和状态，宜采用非饱和输沙特点的泥沙连续方程。非均匀流条件下，假定水深及水流挟沙能力沿程呈直线变化的条件下，一维非饱和输沙公式可写为

$$S = S_* + (S_0 - S_{0*})e^{-\frac{\alpha\omega_s x}{q}} + (S_{0*} - S_*)\frac{q}{\alpha\omega_s x}(1 - e^{-\frac{\alpha\omega_s x}{q}}) \tag{8-5}$$

式中　S_0、S_{0*}——进口断面的平均含沙量和挟沙力，kg/m^3；

S、S_*——出口断面的平均含沙量和挟沙力，kg/m^3；

x——计算池段长度，m；

q——单宽流量，m^3/(s·m)；

ω_s——泥沙沉速，m/s；

α——恢复饱和系数。

如果计算池段很短,池段水流视为均匀流,则 $S_{0*} = S_*$,最后一项将完全消失。在沉沙池流速很小、水流挟沙力可以忽略不计的条件下,式(8-5)可转化为

$$S = S_0 e^{-\frac{\alpha\omega_s x}{q}} \tag{8-6}$$

沉沙池分组平均含沙量的沿程变化,可用下式表示:

$$S_i = S_{0i} e^{-\frac{\alpha_i \omega_i x}{q}} \tag{8-7}$$

式中　S_{0i}、S_i——进、出口断面分组含沙量,kg/m³;

ω_i——泥沙分组平均沉速,m/s;

α_i——分组恢复饱和系数;

x——计算池段的长度,m;

q——平均单宽流量,m³/(s·m)。

沉沙池沉降计算时,可将工作段划分成若干池段,池段号以 k 表示,则得到在某计算时段内的池段分组泥沙沉降率:

$$\eta_{ik} = 1 - e^{-\frac{\alpha_{ik}\omega_i x_k}{q_k}} \tag{8-8}$$

8.2.3　沉速计算方法

8.2.3.1　沙玉清公式

根据《水利水电工程沉沙池设计规范》(SL 269—2001),当泥沙粒径为 0.062~2.0 mm 时,采用沙玉清天然沙沉速公式:

$$(\lg S_a + 3.790)^2 + (\lg\varphi - 5.777)^2 = 39.00 \tag{8-9}$$

其中,S_a 为沉速判数,按下式计算:

$$S_a = \frac{\omega}{g^{1/3}\left(\frac{\rho_s}{\rho_w} - 1\right)^{1/3} \nu^{1/3}} \tag{8-10}$$

φ 为粒径判数,按下式计算:

$$\varphi = \frac{g^{1/3}\left(\frac{\rho_s}{\rho_w} - 1\right)^{1/3} d}{10\nu^{2/3}} \tag{8-11}$$

式中　ω——泥沙沉速,cm/s;

d——泥沙粒径,mm;

ρ_s——泥沙密度,g/cm³;

ρ_w——清水密度,g/cm³;

g——重力加速度,cm/s²;

ν——水的运动黏滞系数,cm²/s。

8.2.3.2　张瑞瑾公式

对于过渡区:

$$\omega = -13.95\frac{\nu}{d} + \sqrt{(13.95\frac{\nu}{d})^2 + 1.09\frac{\rho_s - \rho}{\rho}gd} \qquad (8-12)$$

8.2.3.3 美国工程兵手册方法

图 8-2 为美国水资源联合委员会泥沙专业委员会推荐的泥沙沉速—粒径关系,体现了沙粒形状系数及水温对沉速的影响。由图 8-2 可知,当水温为 20 ℃、沙粒的形状系数为 0.7 时,粒径为 0.25 mm 的泥沙沉速约为 3.19 cm/s。

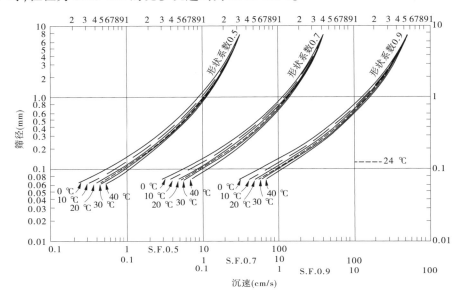

图 8-2 天然石英沙在无穷大的静止蒸馏水中独自沉降时筛径与沉速间的关系

对于粒径 $d = 0.25$ mm 的泥沙,分别采用上述三种方法进行了计算,可得其沉降速度,见表 8-3。

表 8-3 $d = 0.25$ mm 泥沙沉降速度计算表

温度 (℃)	水体黏滞系数 (cm²/s)	沉速(cm/s)		
		沙玉清公式	张瑞瑾公式	美国工程兵手册方法
10	0.013 06	2.09	2.57	3.00
15	0.011 39	2.27	2.84	3.08
20	0.010 03	2.43	3.09	3.19

8.2.3.4 泥沙沉速试验研究

采取当地沙样,利用 2 m 标准沉降筒测量粒径 $d = 0.25$ mm 的泥沙沉速,分水温 13.9 ℃、20 ℃两种情况进行了研究,实测结果见表 8-4。试验结果表明,当 $d = 0.25$ mm、水温为 13.9 ℃时,泥沙平均沉速为 3.14 cm/s;当水温为 20 ℃时,泥沙平均沉速为 3.39 cm/s。

表 8-4　沉速试验结果

组次	沉速(cm/s)	
	水温 = 13.9 ℃	水温 = 20 ℃
1	3.28	3.54
2	3.13	3.39
3	3.11	3.35
4	3.34	3.61
5	2.98	3.21
6	3.11	3.35
7	3.16	3.42
8	3.21	3.46
9	3.02	3.26
10	3.10	3.34
平均值	3.14	3.39

8.2.3.5　综合评价及采用沉速计算方法

通过上述分析和试验研究表明,在同等条件下,采用当地沙样测验所得泥沙沉速最大,水温为 20 ℃时,$d = 0.25$ mm 的泥沙实测沉速约为 3.39 cm/s;采用张瑞瑾公式计算所得沉速介于测验结果和沙玉清公式之间,约为 3.09 cm/s;采用沙玉清公式计算的沉速最小,约为 2.43 cm/s;采用美国工程兵手册方法计算,沉速约为 3.19 cm/s。综合考虑,张瑞瑾公式与美国工程兵手册方法成果比较接近,且比较接近测验结果,因此本次设计采用张瑞瑾公式计算沉速。

8.2.3.6　重力加速度对沉速的影响分析

由张瑞瑾泥沙沉速计算公式 $\omega = -13.95 \dfrac{\nu}{d} + \sqrt{\left(13.95 \dfrac{\nu}{d}\right)^2 + 1.09 \dfrac{\rho_s - \rho}{\rho} gd}$ 可知,当地重力加速度对泥沙沉速的影响不显著,常温时不同重力加速度下的泥沙沉速见表 8-5。

表 8-5　重力加速度对泥沙沉速的影响

序号	重力加速度 $g(\mathrm{m/s^2})$	计算沉速(cm/s)	备注
1	9.78	3.09	
2	9.79	3.09	①温度为 20 ℃,水体黏滞系数为
3	9.80	3.09	0.010 03 cm²/s。
4	9.81	3.10	②泥沙粒径为 0.25 mm
5	9.82	3.10	
6	9.83	3.10	

8.2.4　恢复饱和系数计算方法

关于恢复饱和系数各家有不同的解释。武汉水利电力学院认为恢复饱和系数是一个变量,与泥沙沉速、水深及水流摩阻流速有关。中国国电公司成都勘测设计研究院,根据四川渔子溪一级、南桠河三级、云南清水河电站沉沙池实测资料和水槽试验资料,得到如下计算公式:

$$a_{ik} = K\left(\frac{\overline{w_i}}{u_{*k}}\right)^{0.25} \tag{8-13}$$

$$u_{*k} = \sqrt{g\overline{R_k}\,\overline{J_k}} \tag{8-14}$$

式中　$\overline{w_i}$——粒径组的平均沉速,m/s;

$\quad\quad u_{*k}$——k 池段水流摩阻流速,m/s;

$\quad\quad \overline{R_k}$——$k$ 池段平均水力半径,m;

$\quad\quad \overline{J_k}$——$k$ 池段平均水力坡度;

$\quad\quad K$——综合经验系数,取 1.2。

8.2.5　两种方法计算结果对比

按照基础设计阶段的流量与含沙量关系及泥沙级配曲线计算,表 8-6 为两种方法计算的分组沙沉降率比较。由表 8-6 可见,在一定条件下,两种方法的计算结果比较接近。鉴于非饱和输沙法不仅考虑了沉沙池内挟沙水流超饱和输沙的特点,并在一定程度上考虑了向上紊流的作用,能较充分地反映出泥沙水力因素,在理论上较准静水沉降法前进了一步,因此本次设计选择一维非饱和输沙法进行沉沙池沉降计算分析。

表 8-6　两种方法分组沙沉降率计算值比较

粒径组(mm)	分组沙沉降率(%)	
	准静水沉降法	非饱和输沙法
0.002~0.01	42.8	44.1
0.01~0.04	43.4	44.4
0.04~0.05	45.8	46.0
0.05~0.06	47.3	47.3
0.06~0.07	49.1	48.9
0.07~0.1	52.9	52.7
0.1~0.25	70.3	72.8
0.25~0.5	96.0	98.1
0.5~2	100.0	100.0

8.3　沉沙池沉降效果分析

根据沉沙池结构尺寸及设计条件,采用一维非饱和输沙法进行泥沙沉降计算,将沉沙池划分为等长的 6 段,各池段长为 25 m,设计淤积厚度 1.5 m,单池段设计淤积体积 89.06 m³。沉沙池运行 24 h 后沉降计算结果见表 8-7。两个阶段下全沙沉降率分别为 78.20%、40.45%;泥沙粒径大于 0.25 mm 的沉降率分别为 99.75%、99.37%;雨季平均出池含沙量分别为 0.35 kg/m³、0.48 kg/m³。可以看出,大于 0.25 mm 的泥沙沉降率均大于 99%,沉沙池设计可以满足沉降粗泥沙的要求。可研阶段全沙沉降率较大是因为其泥沙颗粒较粗、泥沙沉速较大。

SediCon 公司按照可研阶段的流量与含沙量关系及泥沙级配,计算出年均入池沙量为 730 万 t,沉沙池沉降率为 85%,与本次计算成果基本一致。

表 8-7　沉沙池沉降计算结果

水沙关系	雨季平均入池含沙量 (kg/m³)	雨季平均出池含沙量 (kg/m³)	沉降率 (%)	大于 0.25 mm 粒径沉降率(%)
可研阶段	1.62	0.35	78.20	99.75
基础设计阶段	0.81	0.48	40.45	99.37

8.4　过机泥沙

偏于安全考虑,过机泥沙不考虑调蓄水库的淤积作用,直接采用沉沙池雨季出池泥沙作为过机泥沙。

根据沉沙池沉降计算结果,雨季平均过机含沙量为 0.35~0.48 kg/m³,过机泥沙中数粒径为 0.073 mm,级配曲线见图 8-3,全沙的矿物分析见表 8-8。

表 8-8　全沙的矿物分析

矿物成分	矿物硬度	矿物含量 (%)
石英	7	19
辉石	6~7	5
斜长石	6	19
角闪石	6	5
锐钛矿	6	0.6
磁铁矿	5~6	1.6
合计	≥5	50.2

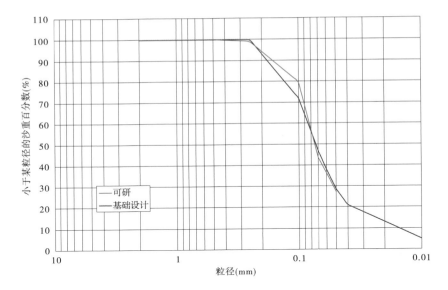

图 8-3　过机泥沙级配曲线

第 9 章

调蓄水库淤积

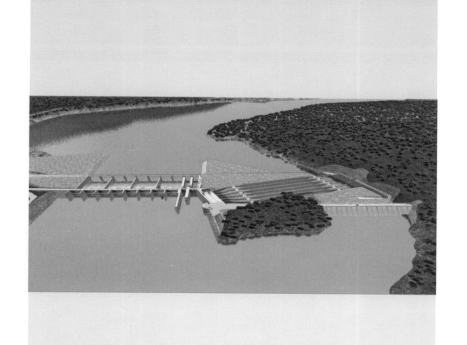

9.1　水库概况

9.1.1　工程概况

调蓄水库位于 Coca 河右岸支流 Granadillas 溪上,坝址以上控制流域面积 7.2 km²。调蓄水库由面板堆石坝、溢洪道、导流兼放空洞组成。首部引水枢纽的引水通过输水隧洞进入调蓄水库,输水隧洞出口位于库区左岸接近库尾,压力管道进口塔架位于库区右岸,与放空洞塔架并排布置。水库最高洪水位 1 231.45 m,正常蓄水位 1 229.50 m,死水位 1 216.00 m。根据电站运行要求,调蓄水库为日调节水库,调节库容 88 万 m³,4 h 内水位将从正常蓄水位降到死水位。由于 1 229.50~1 216.00 m 之间的天然库容只有 50.7 万 m³,其余部分库容需要靠开挖获得。

输水隧洞出口底板高程 1 224.0 m,采用跌流消能。

面板堆石坝位于 Granadillas 溪,坝顶高程 1 233.50 m,最大坝高 58.00 m。溢洪道位于左岸,堰顶高程 1 229.50 m。

放空洞位于右岸,为明流洞,洞长 443 m,进口底板高程 1 198.00 m,设有检修门和事故门,孔口尺寸均为 3.00 m×3.00 m(宽×高)。洞身为城门洞形,宽与高均为 3.0 m,纵坡 0.04。

放空洞施工期兼导流洞,导流设计流量 58 m³/s,后期仅做水库放空之用,设计流量 12 m³/s。

压力管道进口位于放空洞右侧,两孔并排布置,进口底板高程 1 204.50 m,设有拦污栅、检修门和事故门,闸门孔口尺寸 5.80 m×5.80 m。

9.1.2　入库水沙量

进入调蓄水库的悬移质泥沙由天然来沙及沉沙池出池泥沙两部分组成。调蓄水库多年平均入库流量为 187 m³/s,多年平均来水量为 59 亿 m³。

根据 SediCon"调蓄水库入库沙量估算报告(ID-CAP-CIV-V-F-6068-A1)"及"关于对 SediCon 调蓄水库清淤方案的评估意见",调蓄水库年均入库悬移质沙量为 110 万 t,泥沙干容重按 1.33 t/m³ 考虑,约 83 万 m³。

9.1.3　水库库容曲线

根据开挖后地形量算,调蓄水库死水位 1 216 m 以下库容为 33.5 万 m³,正常蓄水位 1 229.5 m 以下库容为 128.6 万 m³,见表 9-1。

表 9-1　调蓄水库库容曲线

高程 （m）	1 191	1 195	1 200	1 205	1 210	1 215	1 216	1 220	1 225	1 229	1 229.5	1 230	1 233
库容 （万 m³）	0	0.4	2.6	7.8	16.1	29.2	33.5	59.3	94.0	124.6	128.6	132.6	157.1

9.1.4　水库运用方式

电站在电力系统中每天承担峰荷 4 h、腰荷 15 h、基荷 5 h。水库水位每日在 4 h 内由 1 229.5 m 降到 1 216 m，基荷 5 h 内水位由 1 216 m 升至 1 229.5 m，腰荷 15 h 内水位维持在 1 229.5 m。

9.2　水库淤积量

9.2.1　方法一

该方法与首部枢纽水库淤积计算方法一致，采用黄河三门峡、巴家嘴、汾河水库及永定河官厅水库的实测资料建立的壅水排沙关系计算。调蓄水库多年平均来流量 187 m³/s，正常蓄水位 1 229.5 m 以下蓄水量为 128.6 万 m³，$\dfrac{V_w}{Q_{out}} \cdot \dfrac{Q_{in}}{Q_{out}} = \dfrac{128.6}{187} \cdot \dfrac{187}{187} = 0.7$，调蓄水库平均入库含沙量为 0.2 kg/m³，利用壅水排沙关系曲线下线，分析选定调蓄水库平均排沙比为 80%，即拦沙率为 20%。

调蓄水库年入库沙量为 83 万 m³，根据分析得到的拦沙率，水库年平均淤积悬移质泥沙量为 17 万 m³。

9.2.2　方法二

该方法为美国 Churchill 提出的水库排沙比计算方法，如图 9-1 所示。图 9-1 中，V 为蓄水容积（m³），$Q_入$ 为入库流量（m³/s），L 为回水长度（m）。

正常蓄水位下的蓄水容积 128.6 万 m³，入库流量 187 m³/s，回水长度 370 m，$\dfrac{V^2}{Q_入^2 L} = \dfrac{(128.6 \times 10^4)^2}{187^2 \times 370} = 1.3 \times 10^5$，利用排沙比经验关系，分析选定水库排沙比约为 85%，即拦沙率为 15%。

调蓄水库年入库沙量为 83 万 m³，根据分析得到的拦沙率，水库年平均淤积悬移质泥沙量为 12.5 万 m³。

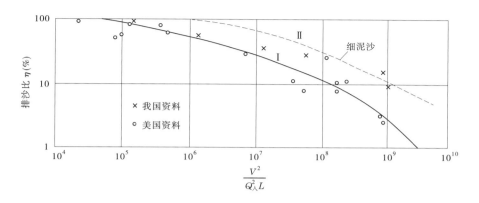

图 9-1　多年平均排沙比经验关系

利用上述两种排沙比计算方法,偏于安全角度考虑,取方法一计算的较大值,即调蓄水库年均悬移质淤积量为 17 万 m³。

9.3　水库淤积形态

由于调蓄水库死库容较小,约 28.6 万 m³,水库运行后不到两年就会淤满,为保证机组正常发电运行,必须采取有效措施保证压力管道进口前的淤积不影响发电。通过库区淤积形态分析,为清淤总体布置包括作业区域及清淤船布置、输沙管道敷设等提供技术参考。

9.3.1　水库淤积形态设计

坝前至压力洞进口断面河床为水平淤积,压力洞进口断面至输水隧洞消力池出口断面河床淤积比降约为 0.2‰,从消力池出口断面出发,试做几条淤积纵剖面,使锥体体积等于淤积量 17 万 m³。淤积主要集中在坝前 350 m 范围内,坝前淤积高程及压力洞进水口处淤积高程均为 1 211.95 m。调蓄水库淤积纵剖面见图 9-2。

9.3.2　压力洞进水口前冲刷漏斗形态设计

9.3.2.1　冲刷漏斗纵向形态(沿水流方向)

1.进水口前冲刷坑平底段长度

涂启华、何宏谋方法如下:

$$L = 0.32 \left[\frac{Q}{\sqrt{\frac{\rho_s - \rho}{\rho} g D_{50}}} \right]^{1/2}$$

式中　L——底孔前冲刷深坑平底段长度,m;

　　　Q——底孔流量,平均流量为 187 m³/s,满发流量为 278 m³/s;

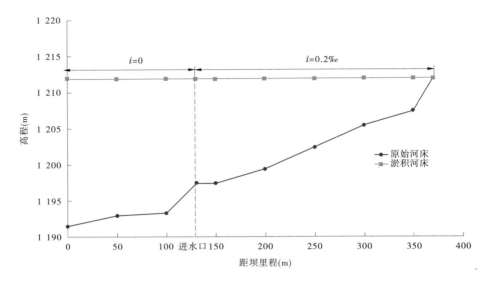

图 9-2　调蓄水库淤积纵剖面

D_{50}——孔洞前淤积泥沙中数粒径, 0.055 mm;

ρ_s——泥沙密度, 2.65 t/m³;

ρ——水密度, 1.0 t/m³。

经计算, $L=4.5$ m。

2. 孔口前沿冲刷深度

苏凤玉、任宏斌方法如下:

$$h_{冲} = 0.088\ 9\left[\frac{Q}{\sqrt{\dfrac{\rho_s - \rho}{\rho}gD_{50}}}\right]^{1/2}$$

算得 $h_{冲}=1.3$ m。

3. 纵坡段坡降

根据万兆惠方法,纵向坡度为

　　$i = 0.293 - 0.001\ 56\lg(QU) = 0.293 - 0.001\ 56\lg(187 \times 3.5) = 0.29$

压力洞进水口冲刷漏斗纵剖面见图 9-3。

9.3.2.2　冲刷漏斗横向形态

单个孔前漏斗河槽底宽取泄水孔口宽度的 2 倍,经分析,两孔前冲刷漏斗底宽为 26.4 m。

根据万兆惠方法,横向坡度 $m=0.378-0.001\ 35\lg(QU)=0.4$。

淤积面顶宽 B 为 64 m。

压力洞前冲刷漏斗横断面见图 9-4。

建议在实际运行中加强监测,指导清淤设备运行。

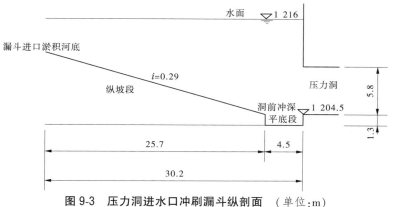

图 9-3 压力洞进水口冲刷漏斗纵剖面 （单位：m）

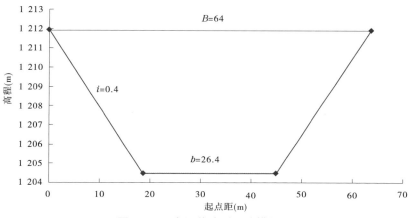

图 9-4 压力洞前冲刷漏斗横断面

9.4 水库三维数值模拟

受黄河勘测规划设计有限公司委托,天津大学水利仿真与安全国家重点实验室对调蓄水库库区泥沙淤积分布进行了三维数值模拟。

9.4.1 水库水流泥沙模型

9.4.1.1 基本方程

基本方程包括二维浅水方程和二维悬沙基本方程。

1.二维浅水方程

水流连续方程

$$\frac{\partial \xi}{\partial t} + \frac{\partial hu}{\partial x} + \frac{\partial hv}{\partial y} = 0 \tag{9-1}$$

运动方程

$$\left.\begin{array}{l} \dfrac{\partial hu}{\partial t} + \dfrac{\partial hu^2}{\partial x} + \dfrac{\partial huv}{\partial y} = -gh\dfrac{\partial \xi}{\partial x} + f_c hv + \dfrac{1}{\rho}(\tau_{wx} - \tau_{hx}) + A_H h\left(\dfrac{\partial^2 u}{\partial x^2} + \dfrac{\partial^2 u}{\partial y^2}\right) \\ \dfrac{\partial hv}{\partial t} + \dfrac{\partial hv^2}{\partial y} + \dfrac{\partial huv}{\partial x} = -gh\dfrac{\partial \xi}{\partial y} + f_c hv + \dfrac{1}{\rho}(\tau_{wy} - \tau_{hy}) + A_H h\left(\dfrac{\partial^2 v}{\partial x^2} + \dfrac{\partial^2 v}{\partial y^2}\right) \end{array}\right\} \quad (9\text{-}2)$$

式中　ψ——基准水平面以上的水位；

　　　h——总水深，$h = \xi + h_h$，h_h 为基准水平面以下的深度；

　　　u 和 v——x 和 y 方向的深度平均速度；

　　　g——重力加速度；

　　　τ_{wx} 和 τ_{wy}——表面风生切应力；

　　　τ_{hx} 和 τ_{hy}——底部摩阻应力；

　　　f_c——科氏力系数；

　　　ρ——水密度；

　　　A_H——水平紊动黏性系数。

底部摩阻应力 τ_{hx} 和 τ_{hy} 通常采用下面的曼宁（Manning）公式计算：

$$\tau_{hx} = \frac{\rho g h \sqrt{u^2 + v^2}}{C^2} = \frac{\rho g n^2 u \sqrt{u^2 + v^2}}{h^{1/3}}$$

$$\tau_{hy} = \frac{\rho g v \sqrt{u^2 + v^2}}{C^2} = \frac{\rho g n^2 v \sqrt{u^2 + v^2}}{h^{1/3}}$$

式中　n——曼宁粗糙系数；

　　　C——谢才系数，$C = \dfrac{1}{n}h^{1/6}$。

本次模拟计算不考虑科氏力、风生切应力因素。

2. 二维悬沙基本方程

$$\frac{\partial S}{\partial t} + u\frac{\partial S}{\partial x} + v\frac{\partial S}{\partial y} = \frac{1}{h}\frac{\partial}{\partial x}\left(hD_x\frac{\partial S}{\partial x}\right) + \frac{1}{h}\frac{\partial}{\partial y}\left(hD_y\frac{\partial S}{\partial y}\right) + \frac{F_s}{h} \quad (9\text{-}3)$$

式中　S——悬沙浓度；

　　　D_x、D_y——x、y 方向上的泥沙扩散系数；

　　　F_s——泥沙冲淤函数。

9.4.1.2　泥沙冲淤函数

模型中泥沙冲淤函数采用的是切应力法，由床面临界淤积切应力和临界冲刷切应力确定源汇项：

$$F_s = \begin{cases} \omega_s c_b(1 - \tau/\tau_d) & \tau < \tau_d \\ 0 & \tau_d < \tau < \tau_e \\ E(1 - \tau/\tau_e)^n & \tau \geqslant \tau_e \end{cases} \quad (9\text{-}4)$$

式中　τ——瞬时底床剪切应力；

　　　τ_d——临界淤积切应力；

τ_c——临界冲刷切应力；

E——床面泥沙冲刷系数，由率定计算确定。

9.4.1.3　定解条件

初始条件：整个计算域内每一个节点的水位和流速、流向由流场模型计算结果提供，悬沙浓度初始值在开始时取零。

边界条件：闭边界（陆地边界）取含沙量的法向梯度为零；开边界条件（水边界条件）：$s(x,y,t)=s^*(x,y,t)$。

9.4.2　计算结果

本数学模型对于所组成的偏微分方程组，采用非耦合处理方法：输入进口水沙过程、河床边界条件和出口控制条件等基本数据后，先开展水力因子计算；再计算单元水流挟沙力、悬移质泥沙级配和由泥沙连续方程求出各断面（或子断面）的含沙量等泥沙因子；然后计算各子断面和端面的冲淤状况；最后输出的计算结果包括淤积区域、淤积形态变化及出库水沙过程。选择非平衡输沙模式时，模型将采用上一时间步泥沙条件来估算输沙率。

9.4.2.1　网格剖分及边界条件

本次研究主要是整个库区，网格剖分见图 9-5。

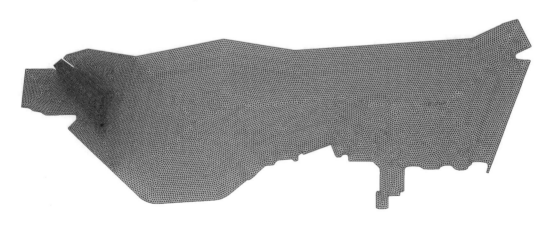

图 9-5　模型网格划分

库区泥沙模拟共分 2 种工况，其中水力条件见表 9-2。主要研究在入流和出流条件一致的情况下，库区不同水位时的淤积情况。

表 9-2　库区泥沙淤积分布数值模拟工况

工况	输水隧洞入流（m³/s）	库水位（m）	压力管道出流（m³/s）
1	222.0	1 229.5	222.7
2	222.0	1 216.0	222.7

注：除输水隧洞进入水库流量外，另进入水库水量应计入河道天然径流 0.99 m³/s。

9.4.2.2　库区泥沙淤积分布模拟

1. 工况 1

在上述水动力条件下，选择非平衡输沙模式对库区泥沙淤积分布进行模拟，库区泥沙淤积形态过程如图 9-6~图 9-15 所示。

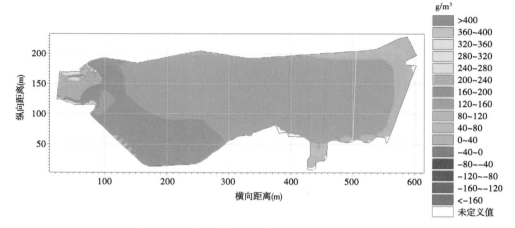

图 9-6　工况 1 运行 1 个月水库库区含沙量变化

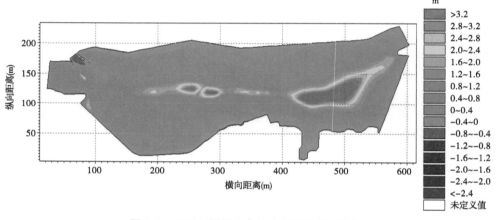

图 9-7　工况 1 运行 1 个月水库库区河床变化

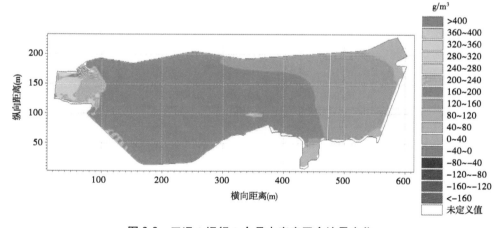

图 9-8　工况 1 运行 3 个月水库库区含沙量变化

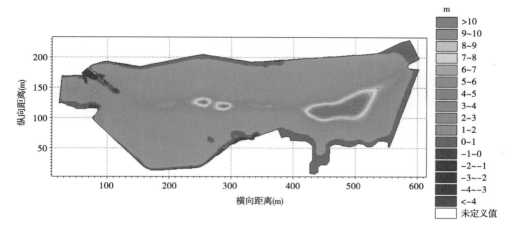

图 9-9　工况 1 运行 3 个月水库库区河床变化

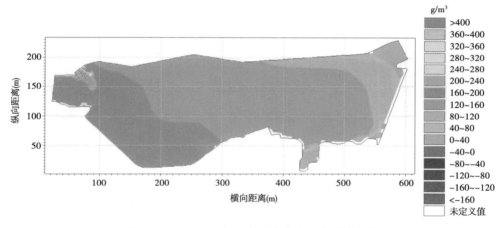

图 9-10　工况 1 运行 6 个月水库库区含沙量变化

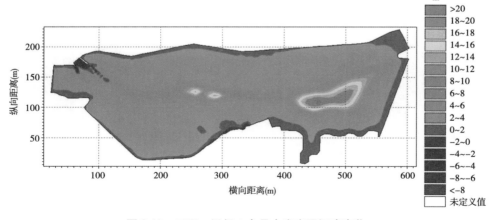

图 9-11　工况 1 运行 6 个月水库库区河床变化

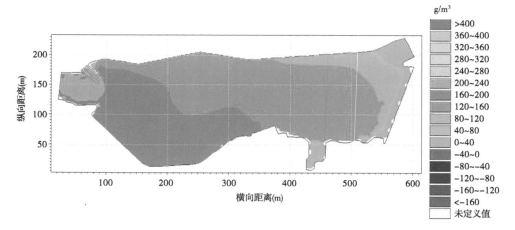

图 9-12　工况 1 运行 9 个月水库库区含沙量变化

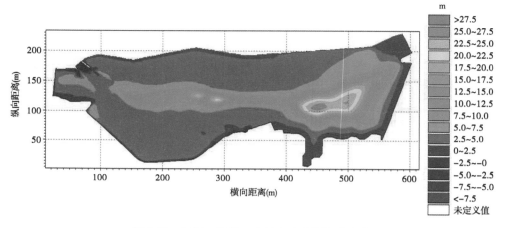

图 9-13　工况 1 运行 9 个月水库库区河床变化

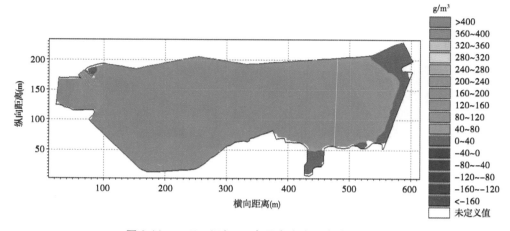

图 9-14　工况 1 运行 12 个月水库库区含沙量变化

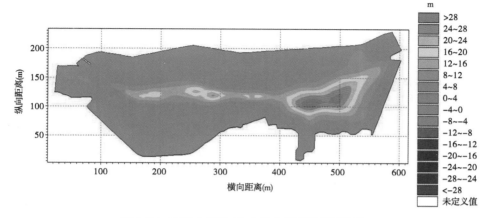

图 9-15　工况 1 运行 12 个月水库库区河床变化

从图 9-6～图 9-15 可以看出,库区含沙量呈阶梯式分布。主流区含沙量较大,为 0.16～0.20 kg/m³,越向坝前,含沙量越小,坝前含沙量为 0～0.040 kg/m³,主要是由于越向坝前流速越小,挟沙能力越小。淤积主要发生在天然河流的主河槽内,特别是压力管道入口左前侧和坝前深水区处,而输水洞洞口流速较大处冲刷较强烈,其他区域冲淤并不明显。可见由于库区中回流的作用,水库中部两侧存在较大范围的回流区,在一定程度上阻止了泥沙向两侧和坝前输运。

从图 9-16 可以看出,压力管道进口的含沙量在前 7 个月波动较大,为 0.136～0.188 kg/m³;8～12 月压力管道进口含沙量相对稳定,为 0.153～0.164 kg/m³。其中运行 3 个月,出口平均含沙量(12 h 取样一次,下同)为 0.165 kg/m³,库区淤积量 4.54 万 m³;运行 6 个月,出口平均含沙量为 0.162 kg/m³,库区淤积量 9.92 万 m³;运行 9 个月,出口平均含沙量为 0.161 kg/m³,库区淤积量 15.35 万 m³;运行 12 个月,出口平均含沙量为 0.161 kg/m³,库区淤积量 20.53 万 m³。

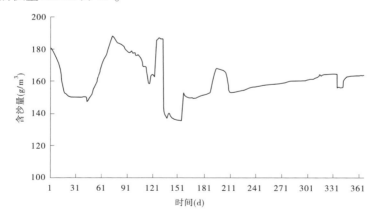

图 9-16　压力管道进口含沙量变化

2. 工况 2

在上述水动力条件下,选择非平衡输沙模式对库区泥沙淤积分布进行模拟,结果如图 9-17～图 9-26 所示。

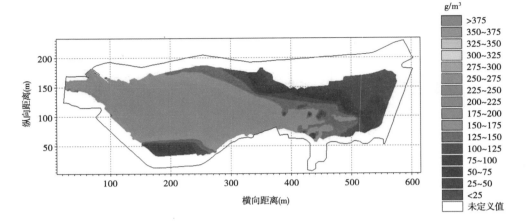

图 9-17　工况 2 运行 1 个月水库库区含沙量变化

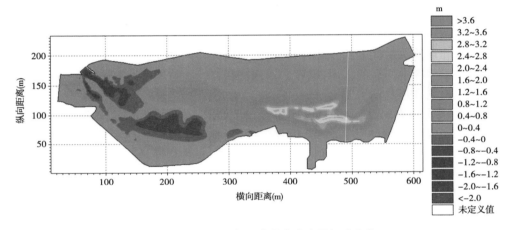

图 9-18　工况 2 运行 1 个月水库库区河床变化

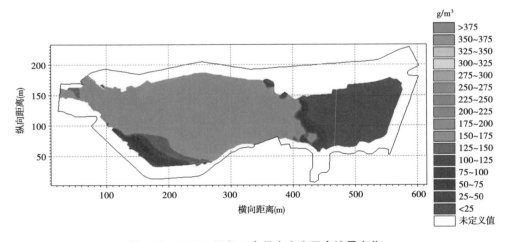

图 9-19　工况 2 运行 3 个月水库库区含沙量变化

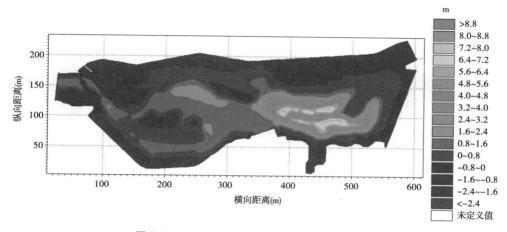

图 9-20　工况 2 运行 3 个月水库库区河床变化

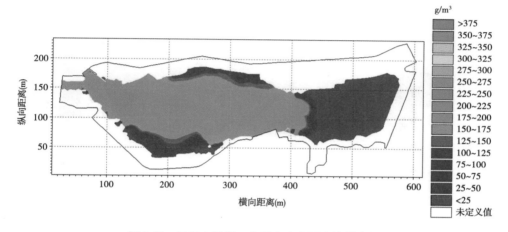

图 9-21　工况 2 运行 6 个月水库库区含沙量变化

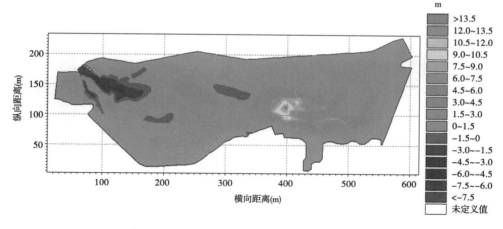

图 9-22　工况 2 运行 6 个月水库库区河床变化

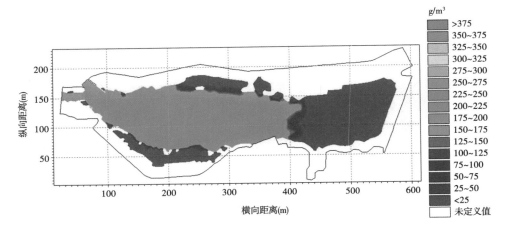

图 9-23　工况 2 运行 9 个月水库库区含沙量变化

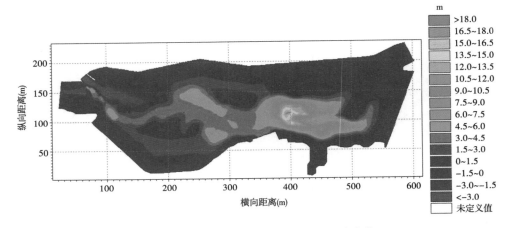

图 9-24　工况 2 运行 9 个月水库库区河床变化

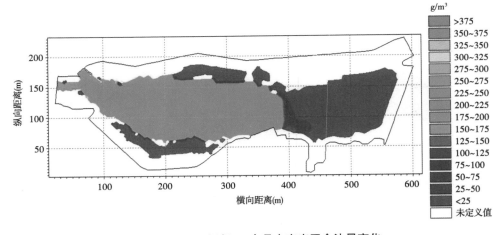

图 9-25　工况 2 运行 12 个月水库库区含沙量变化

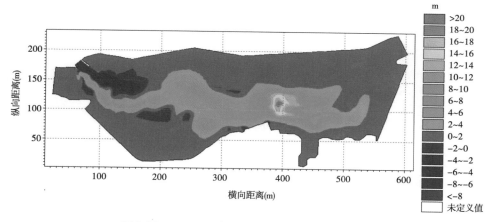

图 9-26　工况 2 运行 12 个月水库库区河床变化

从图 9-17～图 9-26 可以看出,主流区含沙量较大,随着运行时间的增加,主流区含沙量也在增加。而在压力管道出口坝前方向含沙量迅速减小。淤积主要发生在天然河道的压力管道出口坝前方向,其次是消力池右侧及天然河道左岸。冲刷主要发生在输水洞口和消力池处。可见,由于库区中回流的作用,泥沙主要淤积在主河槽内,输水洞口和消力池、主流区由于流速较大,使其受到一定的冲刷。

从图 9-27 可以看出,与库区高水位运行时的压力管道口含沙量相比,低水位运行时的压力管道口含沙量变化总体上呈增加的趋势。在前 3 个月,是波动式的增加,含沙量在 0.151～0.187 kg/m³ 范围内变化。4～8 月压力管道口相对稳定,含沙量在 0.184～0.197 kg/m³ 范围内变化。9～12 月,压力管道口含沙量显著增加,含沙量在 0.198～0.222 kg/m³ 范围内变化,超出了水库来水的含沙量。其中,运行 3 个月,出口平均含沙量为 0.165 kg/m³,库区淤积量 4.54 万 m³;运行 6 个月,出口平均含沙量为 0.176 kg/m³,库区淤积量 6.26 万 m³;运行 9 个月,出口平均含沙量为 0.183 kg/m³,库区淤积量 6.69 万 m³;运行 12 个月,出口平均含沙量为 0.194 kg/m³,库区淤积量 3.16 万 m³。

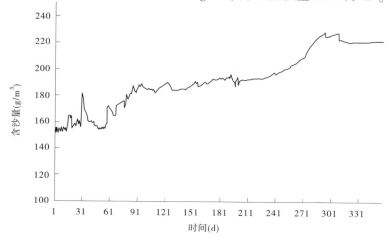

图 9-27　压力管道进口含沙量变化

第 **10** 章

工程泥沙问题研究

10.1　水电站建成后首部枢纽水库下游河床演变分析

（1）水电站建成后,首部引水枢纽首部枢纽水库在 3~5 年的时间内将淤满,清水下泄期很短,且下泄流水量比天然情况下减少了 60%。

（2）水电站建成后,由于电站引水,首部引水枢纽首部枢纽水库下游至厂址河段流量将明显减少,年平均流量将从 291.07 m³/s 减少为 108.31 m³/s,含沙量从 1.01 kg/m³ 增加到 1.57 kg/m³,而且水库淤满后,推移质将会被排入下游河道。因此,水库建成后下泄的水沙条件与天然来水来沙情况相比,没有向有利于冲刷方向发展。

（3）经现场查勘,Coca 河主河槽河床由砂砾石组成,以大块砾石为主(砾石一般在 30 cm 左右),占到主河槽河床组成的 90% 以上,间或夹杂着极少数的泥沙。主河槽河床组成属于冲不动河床层。

（4）CCS 水电站建成运用后,首部引水枢纽首部枢纽水库下游河道基本不会发生沿程冲刷。

（5）首部枢纽水库溢洪道按照 200 年一遇洪水淹没出流设计,发生 200 年一遇以下洪水,溢洪道下游不会形成冲刷坑。

10.2　水库泥沙处理技术研究

10.2.1　水库运用方式基本原则

水库的任务为水力发电,兼顾生态供水和防洪安全。因此,水库采取蓄水调节径流供水发电的运用方式。发电要防泥沙对水轮机和输水洞的磨损,因此要求处理泥沙,引清水发电和引细颗粒粒径小于 0.05 mm 的泥沙低含沙量水流发电,保持水库长期兴利运用。水库运用方式要解决引水发电的泥沙问题,最低限度要不引泥沙粒径 0.25 mm 以上的粗泥沙,也尽量少引泥沙粒径 0.10 mm 以上的泥沙,最好引清水发电和引泥沙粒径小于 0.05 mm 含沙水流发电。

要解决引水发电问题还要保证引水发电的水量和流量,在处理泥沙问题时不要弃水和尽量少弃水,在满足引水发电水量和流量条件下,水库满足生态供水,然后将多余的水量和流量泄流排沙,减少水库淤积。

要解决引水发电问题利用水库处理泥沙,要使水库保持蓄水拦沙库容长期有效运用,因此要解决水库降低蓄水位进行溯源冲刷清淤问题,要用短时间迅速冲刷水库淤积物恢复有效调节库容蓄水拦沙引水发电运用。这样要使水库多年的长年蓄水拦沙供水发电,只利用 1 d 或 2 d 迅速降低水位冲刷淤积物恢复库容。这个冲刷周期可以 2 年一次;或每年一次不需要 1 d 只需要数小时,既解决泥沙的清淤问题,又毫不影响引水发电的运行,取得高效。

10.2.2　不平衡输沙水库基本原理

根据水库运用方式基本原则,水库长年蓄水拦沙运用,短时降低水位冲刷排沙,本水库为不平衡输沙水库。蓄水拦沙运用引水发电,水库淤积,为不平衡输沙;降低水位泄空水库溯源冲刷,为不平衡输沙。但是在调沙周期内,水库冲淤基本平衡,淤积减少库容和冲刷增大库容交替变化,保持调沙库容相对稳定,水库长期运用。这种不平衡输沙水库的原理区别不平衡输沙水库的原理。不平衡输沙水库是保持淤积不平衡形态的,维持三角洲淤积形态,控制三角洲顶点推进到距坝一定距离外,在三角洲前坡段以下为深水区,形成壅水明流和异重流输沙流态的泥沙落淤区,出库泥沙量小于入库泥沙量,三角洲前坡段以下泥沙淤积持续进行,仍为水库蓄水拦沙库容运行的水库性状态,只是前坡段推进至距坝较近的一定距离时,蓄水拦沙库容变小至不能满足壅水明流和异重流输沙流态的泥沙落淤要求时,在来水小时就迅速降低水库蓄水位泄空水库进行溯源冲刷,形成很大的水力冲刷坡降下的强烈溯源冲刷,在短时间内冲刷需要冲刷的淤积量恢复需要的调节库容后又迅速恢复蓄水位蓄水拦沙淤积,这个调沙运用的降水冲刷周期一般 3~5 年一次,亦可在每年内一次。这是不平衡输沙水库周而复始长期运用,是可再生库容的活性水库。

10.2.3　水库泥沙处理措施

分析研究成果表明,通过水库运用可以解决引水发电中的泥沙问题。修建水库不只是抬高蓄水位调蓄水量供水发电,同时也为引水发电的水质提供保障。水库是客观存在的,运用好水库解决泥沙问题,具备经济合理性和技术可行性的客观条件。

充分利用科学技术,精心设计水库处理泥沙问题的技术措施,使水库运用具有安全性,是解决水库兴利和泥沙问题的可行途径。

水库安全运用的理论基础是不平衡输沙理论,不使水库形成淤积平衡,控制水库长年蓄水拦沙和短时降水冲刷,在水库不平衡输沙的调水调沙周期中,成为再生库容的活性水库,长期有效地为引水发电解决泥沙问题服务。

要解决在水库干、支流进库部位修建截推移质的溢流低坝,定期开挖清淤,将推移质淤积物运走,保护水库。

水库遇洪水时,滞洪运用,蓄洪水位升高,洪水期淤积泥沙,要发挥泄洪排沙作用,保障防洪安全。

关于其他处理引水发电泥沙问题的措施,可以设置库外沉沙池或排沙漏斗,本次选用修建沉沙池减少粗泥沙过机。

10.3　沉沙池排沙廊道临界冲沙流速分析

根据入池泥沙情况、池中淤积情况、冲沙廊道的结构布置,计算沉沙池初步设计方案(6 条池)下淤积面高程 1 265.3 m 时冲沙廊道的临界冲沙流速,为排沙廊道布置方案是否能保证冲沙效果提供技术参考。沉沙池为连续冲洗式沉沙池,沉沙池工作流量 222 m³/s,沉沙池共布置 6 条,两池室一联,分 3 联布置。在每条沉沙池箱体底部设置 3 联长度为 30 m 的排沙孔段,每段布设 58 个尺寸为 0.19 m×0.2 m 的孔口,每条沉沙池下部设置 1 条排沙廊道,廊道宽度为 2 m,高度为 1.2~3.7 m,坡度为 2%,2 条排沙廊道在沉沙池上游交汇在一起,交汇后 3 条排沙廊道的断面尺寸相同,为 2 m×2 m,坡度为 2.0%。

临界冲沙流速根据罗耶尔公式计算:

$$V_k = E \sqrt[3]{(\rho_m - 1) \omega_{75}} \sqrt{R}$$

$$\rho_m = 1 + (1 - \frac{\rho_w}{\rho_s}) \frac{S_e}{1\,000}$$

$$S_e = \eta S_0 \frac{Q + Q_c}{Q_c}$$

式中　V_k——临界冲沙流速,m/s;

　　　E——常数,与廊道表面绝对糙度有关,取 50;

　　　ρ_m——廊道内浑水密度,t/m³;

　　　ρ_s——泥沙密度,t/m³,取 2.65 t/m³;

　　　ρ_w——清水密度,t/m³,取 0.998 t/m³;

　　　ω_{75}——泥沙沉速,m/s,廊道挟沙水流中小于该粒径沙重占 75%,采用可研阶段的
　　　　　　　级配曲线,池中淤积物粒径为 1.2 mm,相应沉速为 0.134 m/s;

　　　S_e——冲沙水流中的含沙量,kg/m³;

　　　S_0——沉沙池设计入池含沙量,kg/m³;

　　　Q——沉沙池工作流量,m³/s,37 m³/s;

　　　Q_c——冲沙流量,m³/s,19.27 m³/s;

　　　R——水力半径,m,0.35 m;

　　　η——总沉降率。

根据本工程沉沙池布置和排沙运用情况,本次采用 $S_e = \frac{W_s}{W}$ 计算,其中,W_s 为单池段进入排沙廊道的总沙量(kg);W 为单池段进入排沙廊道的总水量(m³)。

计算工况为沉沙池单池段淤积高程达 1 265.3 m。按照临界冲沙流速公式可以计算出不同排沙时间内的临界冲沙流速,当冲沙流量为 19.27 m³/s 时,不同冲沙时间下的临界冲沙流速见表 10-1。由于排沙廊道中泥沙问题比较复杂,影响冲沙效果的因素较多,计

算也均为经验公式,建议体形确定后,开展相关的模型试验研究,复核验证数值计算成果,确定最终设计体形,以确保工程安全运行。

表 10-1　不同冲沙时间下的临界冲沙流速

冲沙时间 （min）	进入廊道的沙量 （t）	进入廊道的水量 （m³）	冲沙含沙量 （kg/m³）	临界流速 （m/s）
1	116.5	1 156.2	100.80	6.02
2	117.3	2 312.4	50.73	4.79
3	118.1	3 468.6	34.04	4.19
4	118.8	4 624.8	25.69	3.82
5	119.6	5 781.0	20.69	3.55
6	120.4	6 937.2	17.35	3.35
7	121.1	8 093.4	14.97	3.19
8	121.9	9 249.6	13.18	3.05
9	122.6	10 405.8	11.79	2.94
10	123.4	11 562.0	10.67	2.85
11	124.2	12 718.2	9.76	2.76
12	124.9	13 874.4	9.00	2.69
13	125.7	15 030.6	8.36	2.62
14	126.5	16 186.8	7.81	2.57
15	127.2	17 343.0	7.34	2.51
16	128.0	18 499.2	6.92	2.46
17	128.8	19 655.4	6.55	2.42
18	129.5	20 811.6	6.22	2.38
19	130.3	21 967.8	5.93	2.34
20	131.0	23 124.0	5.67	2.31
21	131.8	24 280.2	5.43	2.27
22	132.6	25 436.4	5.21	2.24
23	133.3	26 592.6	5.01	2.21
24	134.1	27 748.8	4.83	2.19
25	134.9	28 905.0	4.67	2.16

冲沙时间 （min）	进入廊道的沙量 （t）	进入廊道的水量 （m³）	冲沙含沙量 （kg/m³）	临界流速 （m/s）
26	135.6	30 061.2	4.51	2.14
27	136.4	31 217.4	4.37	2.11
28	137.1	32 373.6	4.24	2.09
29	137.9	33 529.8	4.11	2.07
30	138.7	34 686.0	4.00	2.05
40	146.3	46 248.0	3.16	1.90
50	153.9	57 810.0	2.66	1.79
60	161.6	69 372.0	2.33	1.71
70	169.2	80 934.0	2.09	1.65
80	176.8	92 496.0	1.91	1.60
90	184.5	104 058.0	1.77	1.56
100	192.1	115 620.0	1.66	1.53
110	199.7	127 182.0	1.57	1.50
120	207.4	138 744.0	1.49	1.48
130	215.0	150 306.0	1.43	1.46
140	222.6	161 868.0	1.38	1.44
150	230.2	173 430.0	1.33	1.42
160	237.9	184 992.0	1.29	1.41
170	245.5	196 554.0	1.25	1.39
180	253.1	208 116.0	1.22	1.38
190	260.8	219 678.0	1.19	1.37
200	268.4	231 240.0	1.16	1.36

10.4　沉沙池冲沙耗水量分析

10.4.1　冲洗历时

排沙廊道冲沙流量为 $11.87 \sim 19.27$ m³/s，平均冲沙流量为 16 m³/s。排沙廊道最大水力半径为 0.35 m,最小水流流速为 2.82 m/s。

根据张瑞瑾公式 $S^* = K\left(\dfrac{U^3}{gR\omega}\right)^m$,对于可研阶段及基础设计阶段的不同泥沙级配,算得水流挟沙力分别为 6.5 kg/m³、18 kg/m³。

冲洗历时
$$t = \frac{\rho_d V}{QS^*}$$

式中　ρ_d——泥沙干密度;

　　　V——淤积体积;

　　　Q——冲沙流量;

　　　S^*——水流挟沙力。

对于基础设计阶段及可研阶段的不同泥沙级配,算得冲洗历时分别为 6 min、17 min。各池段冲洗频率沿程降低,见表 10-2。

表 10-2　单条沉沙池各池段冲洗频率

水沙条件	参数	池段 1	池段 2	池段 3	池段 4	池段 5	池段 6
基础设计阶段	淤满时间(h)	10.3	14.1	17.5	20.8	24.5	28.5
	冲洗频率(次/d)	2.3	1.7	1.4	1.1	1.0	0.8
可研阶段	淤满时间(h)	1.1	5.3	13.2	22.3	31.8	41.3
	冲洗频率(次/d)	17.3	4.3	1.8	1.1	0.7	0.6

10.4.2　冲沙耗水量计算

各池段冲沙耗水量见表 10-3。原雨季发电量为 48.01 亿 kW·h,采用基础设计阶段的含沙量及级配计算,冲沙耗水量较小,发电量将减少 2%,为 47.01 亿 kW·h。采用可研阶段的含沙量及级配计算,冲沙耗水量较大,雨季发电量将减少 16%,为 40.33 亿 kW·h,需加大取水口的过流能力。

表 10-3　平均冲沙流量

水沙条件	参数	池段 1	池段 2	池段 3	池段 4	池段 5	池段 6
基础设计阶段	每次冲沙流量(m³/s)	16	16	16	16	16	16
	每次冲沙时间(s)	360	360	360	360	360	360
	每次冲沙水量(m³)	5 760	5 760	5 760	5 760	5 760	5 760
	冲洗频率(次/d)	2.3	1.7	1.4	1.1	1.0	0.8
	每天冲沙水量(m³)	13 292.3	9 735.2	7 854.5	6 614.4	5 619.5	4 833.6
	七池合计冲沙水量(万 m³)	33.56					
	平均每天冲沙流量(m³/s)	3.9					

水沙条件	参数	池段 1	池段 2	池段 3	池段 4	池段 5	池段 6
可研阶段	每次冲沙流量(m³/s)	16	16	16	16	16	16
	每次冲沙时间(s)	1 020	1 020	1 020	1 020	1 020	1 020
	每次冲沙水量(m³)	16 320	16 320	16 320	16 320	16 320	16 320
	冲洗频率(次/d)	17.3	4.3	1.8	1.1	0.7	0.6
	每天冲沙水量(m³)	283 142.2	70 151.6	29 049.2	17 343.8	12 208.2	9 419.2
	七池合计冲沙水量(万 m³)	294.92					
	平均每天冲沙流量(m³/s)	34.1					

10.5　施工期首部冲沙闸下游护坦冲刷分析

电站首部溢流坝为混凝土坝,坝顶高程 1 289.50 m,坝顶长度约 267.25 m。分三个坝段:左侧挡水坝段、中部泄洪段和右侧排沙坝段。左侧挡水坝段为重力式结构,中部溢流堰堰型为 WES 实用堰,堰顶高程 1 275.50 m,共 8 孔,单孔溢流净宽度 20.00 m。WES 实用堰直线段下接反弧段与消力池相接,消力池采用底流消能形式。右侧排沙坝段设 3 个冲沙底孔,冲沙底孔堰顶高程 1 260.00 m,设 8.00m×8.00 m 弧门 1 孔,4.50 m×4.50 m 平板门 2 孔。冲沙闸闸室长度 52.61 m,冲沙闸下游消力池池长 62.41m,消力池底板厚度 5.5 m,出口闸长 22 m,护坦长 120 m,护坦末端防冲槽顶宽 42 m,底宽 6 m,深 7.8 m,上游边坡 1∶2,下游边坡 1∶3,堆石粒径 300 mm,防冲槽底部天然河床床沙中数粒径 0.18 mm。上游水位 1 273 m 时冲沙闸泄流量 871 m³/s,护坦末端水流宽度扩散到 40 m,末端水深保守估计为 3 m。

据施工期间现场工作人员对首部引水枢纽上下游的河滩、消力池的水势观察,上游冲刷砂卵石层存在冲动、移动的现象,由于冲沙闸急流作用,在溢流坝下游形成了漩涡。本次采用经验公式计算,并结合工程实例分析了冲沙闸下游护坦冲刷问题。

10.5.1　泥沙起动流速

(1)沙莫夫公式:

$$v_c = 1.14 \sqrt{\frac{\rho_s - \rho}{\rho} g d} \left(\frac{h}{d}\right)^{1/6}$$

式中　v_c——起动流速;

ρ_s——泥沙密度,2.65 t/m³;

ρ——水的密度,1.0 t/m³;

h——水深，3 m；

d——泥沙粒径，0.3 m；

g——重力加速度。

经计算，$v_c = 3.7$ m/s。

（2）张瑞瑾公式：

$$v_c = \left(\frac{h}{d}\right)^{0.14}\left[17.6\frac{\rho_s - \rho}{\rho}d + 0.000\,000\,605\frac{10 + h}{d^{0.72}}\right]^{1/2}$$

式中符号含义同前。

经计算，$v_c = 4.1$ m/s。

（3）唐存本公式（泥沙起动流速公式在天然河流中的验证）：

$$v_c = 1.79\frac{1}{1 + m}\left(\frac{h}{d}\right)^m\left[\frac{\rho_s - \rho}{\rho}gd + \left(\frac{\rho'}{\rho'_c}\right)^{10}\frac{C}{\gamma d}\right]^{1/2}$$

式中　C——综合黏结力参数，$C = 8.885 \times 10^{-5}$ N/m；

　　　ρ'——淤积物的干密度；

　　　ρ'_c——淤积物的稳定干密度，其值约为 1.6 g/cm³；

　　　m——指数，天然河道的 $m = 1/6$，平整河床（如实验室水槽及 $d < 0.01$ mm 的天然河道），$m = \frac{1}{4.7}\left(\frac{d}{h}\right)^{0.06}$。

经计算，$v_c = 5.0$ m/s。

（4）成都勘测设计院于 1978 年提出的卵石起动流速公式：

$$v_c = 1.2\sqrt{\frac{\rho_s - \rho}{\rho}gd}\left(\frac{h}{d}\right)^{1/6}$$

经计算，$v_c = 3.9$ m/s。

（5）伊兹巴斯公式：

$$v_c = 0.86\sqrt{2g\frac{\rho_s - \rho}{\rho}d}$$

经计算，$v_c = 2.7$ m/s。

经上述公式计算，泥沙起动流速为 2.7~5.0 m/s，闸下护坦末端设计流速 7 m/s，大于堆石起动流速，因此防冲槽中堆石将被冲起。

10.5.2　防冲槽冲刷深度

（1）《水工设计手册》公式：

冲刷深度主要取决于海漫末端的单宽流量和河床土质的允许流速。

$$h_p = \left(\frac{q}{v_0 h_t^{0.65}}\right)^{1.82}$$

式中　h_p——海漫末端冲刷深度，m；

　　　q——单宽流量，m³/(s·m)，取 21.8 m³/(s·m)；

h_t——海漫末端的水深,m,3 m;

v_0——水深 1 m 时,河床土质的允许流速,根据《水力计算手册》表 2-1-10 无黏性土
质渠槽不冲流速表,取 3.9 m/s。

经计算,$h_p = 6.2$ m。

(2)《水闸设计规范》(SL 265—2001)公式:

$$h_p = 1.1 \frac{q}{v_0} - h_t$$

式中符号含义同前。

经计算,$h_p = 3.1$ m。

(3)《水力计算手册》公式:

$$h_p = \frac{0.66q\sqrt{2\alpha_0 - z/h}}{\sqrt{\frac{\rho_s - \rho}{\rho}gd}\left(\frac{h}{d}\right)^{1/6}} - h_t$$

式中　α_0——护坦或海漫末端的流速分布的动能修正系数,取 1.05;

z——护坦或海漫末端的流速分布图中最大流速的位置高度,当流速分布均匀时,
$z = 0.5h$,z/h 取 0.6。

h——护坦或海漫末端的水深,m,3 m;

h_t——下游水深,3 m;

d——床沙粒径,0.3 m。

经计算,$h_p = 2.4$ m。

(4)王世夏公式(无黏性土质河床的闸下冲刷):

$$T = 1.25 \frac{Z^{0.28}}{h^{0.04}d^{0.22}}h_k$$

式中　T——冲坑最大水深;

Z——上下游水位差,$Z = 1273 - 1262.5 = 10.5$(m);

h——下游水深,3 m;

d——河床冲料粒径,0.3 m。

经计算,$T = 11.0$ m,则防冲槽冲刷深度为 8.0 m。

(5)罗欣斯基公式(苏联岗察洛夫《河流动力学》续篇):

$$h_p = 1.05 \sqrt{\frac{q}{V_{1.0}}}^{1.2}$$

式中　h_p——最大冲刷深度;

q——单宽流量,m³/(s·m),21.8 m³/(s·m);

$V_{1.0}$——当水深为 1 m 时的起动流速。

经计算,$h_p = 5.4$ m。

经上述公式计算,防冲槽冲刷深度为 2.4~8.0 m,防冲槽设计深度为 7.8 m,因此防
冲槽中堆石可能会全部冲起,从而进一步冲刷底部天然河床。

10.5.3　防冲槽底部河床冲刷深度

10.5.3.1　防冲槽的流速分布(苏联岗察洛夫《河流动力学》续篇)

如果在护坦上,有了足够的消能,则护坦尾端的流速分布为正常的情况(均匀缓流的情况),冲刷坑内的流速分布也比较正常。如果护坦上消能不够,则表面或底部的流速特别大,而冲刷坑的垂线流速分布也不正常,主要是由于底部涡漩的大小不同。在正常的护坦流速分布,底部涡旋比较小或没有涡漩,而在其余两种情况,底部涡漩比较大。

不管护坦尾部的流速分布是哪一种形式,在冲刷最大之处,涡漩总归是没有了,这一点又是底部水流方向的分界,在这一点的上游,水流向上游,而在这一点以下,水流向下游。在最大冲刷之处,河底的时间平均流速是零。在垂线上流速向上逐渐加大。

根据罗欣斯基的试验研究,在斜坡的底脚部分,达到最大冲刷深度,在最大冲刷深度之处,虽然河底平均流速接近于零,但是由于脉动流速时常改变方向,泥沙受到脉动作用,就失去稳定,而当最大瞬时脉动流速出现时,泥沙就掀起了。在最大冲刷点的下游,底部的脉动流速只有一个方向,所以泥沙比较稳定,而冲刷不太深。因此,在斜坡底部的起动流速就小于均匀流的起动流速。

根据明渠流速分布公式(窦国仁,论河流紊动与流速分布,1959 年 10 月,水利学报第 5 期):

$$v = v_0 \left[1 - \beta \frac{2\left(\frac{y}{H}\right)^2}{1 + \sqrt{1 + \alpha\left(1 - \frac{y}{H}\right)\left(\frac{y}{H}\right)^2}} \right]$$

式中,α 在阻力平方区内为一常数 50;β 与相对糙率有关,是与流速系数 K_0($K_0 = \frac{v_{cp}}{\sqrt{gHJ}}$,$v_{cp}$ 为平均流速)有关的一个参数,见图 10-1。

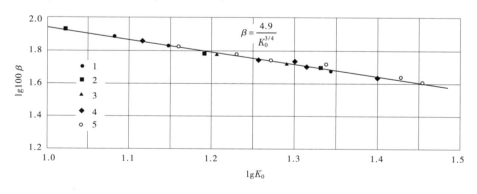

图 10-1　K_0 与 β 的关系

对于本工程,$K_0 = \frac{v_{cp}}{\sqrt{gHJ}} = \frac{7}{\sqrt{9.8 \times 3 \times 0.004}} = 20.4$,$\beta = \frac{4.9}{K_0^{3/4}} = \frac{4.9}{20.4^{3/4}} = 0.51$,可以得到冲刷坑的流速分布为

$$v = v_0 \left[1 - 0.51 \frac{2\left(\dfrac{y}{H}\right)^2}{1 + \sqrt{1 + 50\left(1 - \dfrac{y}{H}\right)\left(\dfrac{y}{H}\right)^2}} \right]$$

冲刷坑流速沿水深分布见图 10-2。在冲刷坑底部流速为 3.4 m/s。

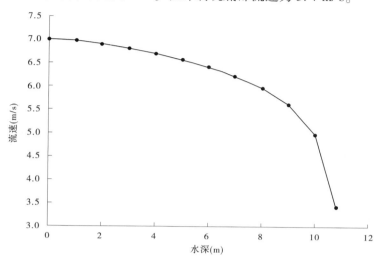

图 10-2　冲刷坑流速沿水深分布

10.5.3.2　防冲槽底部河床冲刷深度

1. 河床质级配

河床质级配见表 10-4。

表 10-4　河床质级配

粒径级（mm）	小于某粒径的沙重百分数（%）
2	100
0.5	72.3
0.25	61.3
0.075	28
0.05	22.8
0.005	5

河床质 D_{50} 为 0.18 mm，平均粒径为 0.42 mm。

冲刷坑底部河床为粉沙，最大粒径为 2 mm，根据张瑞瑾起动流速公式计算，床沙起动流速为 0.8 m/s，冲刷坑底部流速为 3.4 m/s，因此河床泥沙将被冲起。

2. 河床粗化

在一定的流量条件下，随着河床冲刷，水深加大，冲刷能力（流速）变小，水流所要求的河床不受冲刷的表层的抗冲能力也随之变小。如果床沙组成是均匀的，就不会粗化，只有通过水流冲深河床,降低水流的冲刷能力,使之达到或低于这种均匀床沙的抗冲能力,冲刷才能停止。如果床沙组成是不均匀的,在水流作用下,要发生粗化。粗化过程既有水流作用,也受粗化泥沙本身的影响。床沙粗化是水流冲刷河床的产物,它的形成反过来又起制止水流的冲刷作用。只有当表层床沙的抗冲力达到或大于水流的冲刷力时,冲刷才能停止(水利水电科学研究院秦荣昱,论河床冲刷和粗化,武汉水利电力学院学报,1981年第3期)。

根据杨志达《泥沙输送理论与实践》,采用梅维斯-劳希准则,粗化粒径为

$$d = \left(\frac{v_b}{K}\right)^2$$

式中　d——泥沙粒径,mm;

　　　v_b——河底起动流速,m/s,等于平均流速乘以0.7;

　　　K——常数,0.155。

经计算,粗化粒径为236 mm,而河床最大粒径为2 mm,说明河床不能形成一个稳定的保护层,会持续冲刷。

10.5.3.3　冲刷深度

1. 秦荣昱公式(论河床冲刷和粗化,武汉水利电力学院学报,1981年第3期)

$$h_m = \left[\frac{q^2 \cdot D_{M \cdot 90}^{1/3}}{25 m_M \cdot D_{M \cdot m}}\right]^{3/7}$$

式中　h_m——最大冲刷水深,m;

　　　q——单宽流量,m³/(s·m);

　　　$D_{M \cdot 90}$——冲刷水深 h_m 的相应床沙组成中90%较之为细的粒径,1.4 mm;

　　　$D_{M \cdot m}$——冲刷水深 h_m 的相应床沙平均粒径,0.42 mm;

　　　m_M——泥沙混合物不均匀的修正系数,与不均匀程度 $\eta = \frac{D_{60}}{D_{10}}$ 有关,$\eta = \frac{D_{60}}{D_{10}} = \frac{0.24}{0.015} = 16$,由图10-3确定 m_M 为0.72。

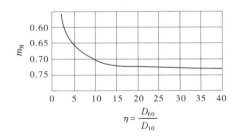

图10-3　$m_M \sim \eta$ 的关系曲线

经计算,最大冲刷水深为44.5 m,河床冲深为33.7 m。

2. 王世夏公式

$$T = 1.25 \frac{Z^{0.28}}{h^{0.04} d^{0.22}} h_k$$

式中　T——冲坑最大水深;

　　　Z——上下游水位差,$Z = 1\ 273 - 1\ 262.5 = 10.5$(m);

　　　h——下游水深,10.8 m;

　　　d——河床冲料粒径,0.18 mm。

经计算,$T = 53.3$ m,则河床冲刷深度为 42.5 m。

3. 苏联公式

根据苏联岗察洛夫《河流动力学》续篇,如果河床组成是不均匀的,在细粒之中,间有大粒,在冲刷以后,大粒常常聚集在表面,而成为保护层,增强了对于冲刷的阻力。由于流速减小,保护层的粗粒停止运动,河床达到一定的高度,这叫作保护层的冲刷高度。达到这样高度,如果累积的粗粒不足以掩盖全部河床,就继续冲深。在保护层冲刷高度与最后冲刷位置之间的一层,叫作保护堆积层。

在完成冲刷以后的全部水深为

$$h = h_c + h_n = \sqrt[1.2]{\frac{q}{v_{1.0}}} + \frac{\Delta}{n}$$

式中　h——全部冲刷深度;

　　　h_c——保护层冲刷高度以上的水深;

　　　h_n——保护堆积层的厚度;

　　　$v_{1.0}$——当水深等于 1.0 m 时粗粒铺盖的不冲流速;

　　　Δ——保护层的厚度,可用 0.2 m;

　　　n——粗粒的相对容积。

事实上河床是不均匀的,事先很难决定保护层的组成,在这种情况下,可以先按各种大小的粒径计算,得到不同的水深,而采用最小的水深。本次计算见表 10-5。

表 10-5　防冲槽底部河床冲刷计算

项目	粒径(mm)			
	>0.5	>0.25	>0.075	>0.05
相对含量	0.277	0.387	0.72	0.772
$v_{1.0}$(m/s)	0.36	0.29	0.19	0.17
h_c(m)	50.46	62.64	95.61	106.86
h_n(m)	0.72	0.52	0.28	0.26
h(m)	51.18	63.16	95.89	107.12

经计算,最大冲刷水深为 51.2 m,河床冲深为 40.4 m。

三种方法计算的河床最大冲深分别为 33.7 m、42.5 m、40.4 m,采取平均值 39 m。

10.5.4　工程实例

南非津巴布韦赞比亚河上卡里巴双曲溢流拱坝,坝高 128 m,单宽流量 140 m³/(s·m),经过两次 7 周的面部泄洪就在下游河床上产生了深达 26 m 的冲刷坑,经过 10 年的运用,最大冲刷坑深达 60 m,如不采取加固措施,还将继续冲深。

根据 1982 年安徽省水利科学研究所王艺雄编写的《闸下缓流冲刷深度冲坑形态的原型研究》,研究的 38 个实际工程原型冲刷观测资料,从中选取地质条件与本工程相似的一些工程实例进行分析,见表 10-6,冲刷水深为 9.30~31.20 m。

其中,花园口节制闸,闸净宽 18 m×10 m,闸总宽 208.6 m,护坦长度 30 m,海漫长度 45 m,上下游水位差 1.33 m,单宽流量 26.85 m³/(s·m),河床质为中砂,最大冲刷坑水深为 27.90 m。该工程在 1961 年闸门全数开启通过最大流量后,仅发生抛石局部流失与坍落现象,但在 1962 年汛后,则因闸孔集中开启,海漫因流速较高发生破坏,冲刷直接向上游发展导致护坦严重冲毁。

表 10-6 原型工程冲刷深度

| 工程名称 | 观测日期
(年-月-日) | 冲刷稳定时的不利水力条件 | | | | | 单宽流量
[m³/(s·m)] | 冲刷水深
(m) | 冲坑地质 |
		流量 (m³/s)	上水位 (m)	下水位 (m)	开孔数 (孔)	开启高度 (m)			
杨桥节制闸	1965-07-13	510	33.26	32.98	7	出水	11.33	11.08	粉砂
蒙城节制闸	1963-08-14	2 070	27.09	26.50	20	出水	15.56	16.50	粉砂
杨庄节制闸	1958-07-05	524	13.39	12.43	5	2	8.73	10.73	粉砂
杨庄节制闸	1965-08-03	449	13.46	11.70	5	1.7	7.48	9.90	粉砂
黄沙港挡潮闸	1972-07-03	170	0.63	0	4	出水	7.49	9.30	粉砂
芦苞闸	1924-06-27	720	9.29	6.10	1	出水	31.3	31.20	中砂
芦苞分洪闸	1964-06-17	1 300	10.27	7.96	7	3.8	9.7	11.94	中砂
花园口节制闸	1962-08-16	5 600	94.03	92.70	18	出水	26.85	27.90	中砂
杨林排水闸	1973 年 12 月	109	12.38	11.42	3	洞顶 2.8	8.38	11.12	粉砂
华阳排水闸	1959 年 9 月	160	12.00	8.10	4	出水	5.16	9.40	粉砂

10.5.5　结论及建议

10.5.5.1　结论

（1）根据多种泥沙起动流速公式计算,防冲槽中堆石起动流速为 2.7~5.0 m/s,闸下护坦末端设计流速 7 m/s,大于堆石起动流速,因此防冲槽中堆石将被冲起。

（2）根据多种冲刷深度公式计算,防冲槽冲刷深度为 2.4~8.0 m,防冲槽设计深度为 7.8 m,因此防冲槽中堆石可能会全部被冲起,从而进一步冲刷底部天然河床。

（3）冲刷坑底部河床为粉沙,最大粒径为 2 mm,根据张瑞瑾起动流速公式计算,床沙起动流速为 0.8 m/s,冲刷坑底部流速为 3.4 m/s,因此天然河床泥沙将被冲起。

（4）天然河床粒径较小,不能形成一个稳定的保护层。采用三种方法计算的河床最大冲深分别为 33.7 m、42.5 m、40.4 m,采取平均值 39 m。

（5）已建工程中,曾出现因闸门集中开启,冲刷向上游发展导致护坦严重冲毁的现象。

10.5.5.2　建议

（1）对护坦冲刷问题做专题模型试验,结合模型试验综合论证冲刷坑深度。

（2）加强现场护坦及护坦末端防冲槽冲刷观测。

（3）护坦末端加设齿墙,或采用一定深度的板桩,以防止防冲槽水流向上游淘刷。

（4）如发现防冲槽冲刷严重,可及时对冲坑做抛石防护,在防冲槽中填充大粒径块石。根据杨志达《泥沙输送理论与实践》,采用梅维斯-劳希准则,初始起动粒径为 999 mm。因此,建议填充堆石粒径不小于 1 m。

第 11 章

厄瓜多尔电力概况

11.1 国家电力系统概况

截至 2007 年 6 月,厄瓜多尔国家电网额定总装机容量 4 263.25 MW(其中水电 2 023.12 MW,从哥伦比亚进口 400 MW,其余的为火电),有效装机容量 4 084.77 MW。

平水年($P=50\%$)的年上网电量为 23 885.51 GW·h,枯水年($P=90\%$)的年上网电量为 19 876.82 GW·h。

厄瓜多尔有着丰富的水能资源,水电开发潜力巨大,根据国家电网的规划,未来计划兴建的工程有:Toachi Pilaton 装机 228 MW、Miras 装机 300 MW、La Union 装机 80 MW、Chespi 装机 167 MW、Sopladora 装机 312 MW,最大的 Coca Codo Sinclair 水电站装机 1 500 MW。

这些工程一旦完工不但可以满足厄瓜多尔国家的电力需求,还可以使该国由电力进口国变为电力出口国。

11.2 电力发展规划

11.2.1 电源规划

根据厄瓜多尔 2007 年的 10 年水电发展规划报告,厄瓜多尔计划在未来 10 年内投资 58 亿美元进行水电站及电网建设,并计划修建 42 个水电站,总装机容量 380 万 kW。其中,2008 年、2009 年计划开工的项目为 Coca Codo Sinclair 电站(150 万 kW 装机,13.97 亿美元,可研已完成,计划于 2008 年 2 月开始 EPC 招标)、Sopladora 电站(可研阶段为 32 万 kW 装机,投资 2.6 亿美元,现计划提高到 45 万 kW 装机,设计招标已开始,2007 年 12 月开始施工总承包商资格预审招标,2008 年 7 月开始土建及机电招标)和 Miras 电站(装机 30 万 kW,总投资 4.5 亿美元)。

厄瓜多尔电力市场潜力较大,特别是 2010 年前,大型水电站及 50 kVA 输变电项目新建及电网改造项目较多。

厄瓜多尔国家电网现状电力传输等级为 138 kV 和 230 kV,输电线路总长 5 262 km,其中 138 kV 长 2 623.9 km,230 kV 长 2 638.1 km。

11.2.2 电网现状及规划

为加快开发水电资源,减轻电网的供电压力,根据厄瓜多尔国家电网规划,拟建一条 500 kV 的输电线路,该线路将输送水电站的电力到基多郊区的 Pifo 变电站。

CCS 电站建成后不但能满足本国的电力需求,而且能向其他周边国家输送电力。

11.3　电力消费预测

厄瓜多尔整个公共电力消费在 1965～1991 年间增长了 12.7 倍,年平均增长率为 10.3%。在此期间,消费增长高峰在 1975～1980 年,从 1980 年开始增长速率平缓下降至 6%。

根据厄瓜多尔 2007～2016 年国家电网电力消费预测成果,对不同部门(居民、商业、工业、市政及其他)的历史电力消费和未来的电力需求进行了分析。截至 2006 年年底,不同部门电力消费共 10 996 GW·h,其中居民、商业、工业、公共部门消费分别占 35.3%、19.2%、30.0%、15.4%。不同行业 1996～2007 年平均电力消费增长率为 4.6%,其中居民电力消费增长率为 3.1%,商业电力消费增长率为 7.1%,工业电力消费增长率为 5.8%,公共电力消费增长率为 3.5%,其中在 1997～2000 年几乎没有增长。

根据上述平均增长率的情况,不同行业 2007～2016 年的年均增长率取 6.4%。

11.4　电力需求预测

根据厄瓜多尔国家电网电力消费预测成果,在 1996～2007 年电力年平均需求增长率只有 4.2%,尤其是在 1997～2000 年期间电力需求几乎没有增长。

选取 3.9%、5.0% 和 5.9% 三个增长率,分别对应低、中、高三个需求增长方案对国家电网电力需求进行预测;根据预测成果,在低、中、高三个增长率的情况下,2017 年国家电网电力需求分别达到 22 821 GW·h、25 125 GW·h、27 545 GW·h。

年最大负荷预测选取 3.4%、4.4% 和 5.3% 三个增长率分别对应低、中、高三个增长方案。根据预测成果,在低、中、高三个增长率的情况下,2017 年国家电网年最大负荷分别为 3 819 MW、4 191 MW、4 583 MW。

第 12 章

工程开发任务与开发方案

12.1　工程建设必要性

　　厄瓜多尔国内现在主要的电力供应是水电,其比例达到 48%。但是由于国内经济的快速发展,特别是在河流的枯水期,电力供应出现较大的短缺,每年需要从邻国哥伦比亚外购电力(约 400 MW)。厄瓜多尔国内水能资源丰富,和开发其他能源电站相比,水力发电具有很大的优势。水电站利用可再生的水能资源发电,在运行过程中既不向大气排放废气也不产生废水污染河流,是典型的清洁能源,而其他的能源,如柴油发电、天然气发电等一次性能源会不可避免地给环境带来危害。当前其水电装机容量仅为 2 023 MW,相对于 30 000 MW 的技术可开发容量,开发比例仍然很低。因此,应当加快水电资源开发,满足当地电力系统发展需求,改善居民生活条件。

　　CCS 水电站建成后将成为国家电网供电的骨干电源,从满足经济发展、提高居民生活水平、保护生态环境等方面考虑,建设 CCS 水电站都是十分必要的。

12.2　工程开发任务

　　随着厄瓜多尔近年来经济的快速增长,其电力负荷每年增加约 6%,电力供给出现了巨大缺口。2003~2006 年,厄瓜多尔累计从哥伦比亚进口电力达到 3.85 亿美元,并且呈上涨趋势。厄瓜多尔从 2003 年开始,每年都对柴油和燃气进行补贴以用于电力缺口,其中 2003 年国家对柴油、液化石油气和汽油总的补贴为 4.878 亿美元,2004 年增至 6.665 亿美元,2005 年为 12.171 亿美元,2006 年为 15.36 亿美元,2007 年更高达 23.292 亿美元。因此,开发水电站及新能源成了当前政府的首要任务。根据 2007 年编制的厄瓜多尔十年水电发展规划报告,计划在未来十年内投资 58 亿美元进行水电站及电网建设,并计划修建 42 个水电站。其中,2008 年、2009 年计划开工的项目为 Coca Codo Sinclair 电站、Sopladora 电站和 Miras 电站。一旦这些工程完工,不仅能满足国家未来的电力需求,还能将厄瓜多尔从能源进口大国转而为能源出口大国。

　　CCS 电站主要开发任务是发电,满足国家电网日益增长的电力需求,减少外购电力。电站通过一条 500 kV 的高压输电线路供电。

12.3　工程开发方案研究过程

　　ELC(Electro Consult)公司曾对本工程做了不同深度的前期设计,其中包括设计 A 阶段(1988 年 5 月)、B 阶段(1992 年 3 月),总报告(2008 年 9 月),可研报告(2009 年 6月)。

12.3.1 装机容量 900 MW 方案

该方案的研究分为 A 和 B 两个阶段,A 阶段主要确定了坝址的位置、开发方式、引水隧洞的线路及初步的电厂系数(plant factor),该阶段于 1988 年 5 月结束;B 阶段于 1992年 3 月结束,主要是在 A 阶段确定的坝址位置萨拉多(首部枢纽)和开发方式(径流式)的基础上,对电厂系数进行了详细的选择,根据对经济、地质等方面的综合比较,确定了电站的装机容量及调蓄水库的规模。

12.3.1.1 A 阶段

根据该河段(Quijos 河与首部枢纽河汇合口到与 Malo 河汇合口)的地形条件,从上到下依次选择了首部枢纽、Malo M2、Malo M1、Malo M0 四个坝址作为比选坝址,其中首部枢纽坝址位于 Quijos 河与首部枢纽河汇合口处,Malo M0 坝址位于可卡河与 Malo 河汇合口下游,Malo M1 坝址位于可卡河与 Malo 河汇合口上游处,Malo M2 坝址位于 Malo M1 坝址上游 2 km 处。

根据这些坝址,对代号为 A 、B 、C 、D 、E 、F 的六种独立或梯级联合开发方案进行了比较。各方案根据高坝和低坝方案又划分了许多子方案,各子方案中除包括坝址位置、开发方式(蓄水式或径流式)外,还包括了对引水隧洞末端调压井或调蓄水库、电厂系数的初步比较。各方案简介如下:

A-A0 方案:为二级开发方案,计划在首部枢纽和 Malo Mx(x 取值范围 1~3,代表Malo 处的三个坝址)两个坝址建梯级水库并分别引水发电(A 和 A0 仅为 Malo 处坝轴线位置的不同,为了减小风险,下同);

B 方案:为一级开发方案,即利用首部枢纽坝址引水发电;

C-C0 方案:为一级开发方案,即利用 Malo 坝址引水发电;

D-D0、E、F-F0 方案与上述的 A、B、C 三个方案基本相同,只是在引水隧洞的路线增加了一个电站,为三级开发方案,其他情况相同。

经过有关的地质和经济指标的评价,A 阶段初推荐了以下三个方案:

(1) A-M1-5 方案,是首部枢纽蓄水式(正常蓄水位为 1 365 m,坝高为 110 m,库容为 5.88 亿 m³)和 Malo M1 径流式两个水库的二级开发方案。

(2)A-M2-5 方案,是首部枢纽蓄水式(正常蓄水位为 1 365 m,坝高为 110 m,库容为5.88 亿 m³)和 Malo M2 径流式两个水库的二级开发方案。

(3)C-M1-3 方案,是在 Malo M1 坝址建造 70 m 高的水库(1 305 m)的一级开发方案。

1987 年 3 月坝址附近发生了大地震,地震后经过重新评估,推翻了上述三个方案,经过研究,推荐了以前淘汰的两个方案,两个方案如下:

(1)B-4 方案,即在首部枢纽建径流式电站来引水发电。

(2)C-M1-4 方案,即在 Malo M1 坝址处建径流式电站引水发电。

经过对上述两个方案的详细比较,包括地质因素、安全因素等方面,虽然 C-M1-4 方案比 B-4 方案在经济上略占优势,但鉴于 C-M1-4 方案的坝址距离火山中心较近,考虑枢纽安全因素,A 阶段推荐 B-4 方案作为坝址方案。推荐方案的坝顶高程为 1 275 m。

12.3.1.2　B 阶段

在 A 阶段推荐的坝址位置和开发方式的基础上,B 阶段对 B-4 方案,即在首部枢纽坝址建径流式电站引水发电,进行了详细的电厂系数的选择,各方案如表 12-1 所示。

表 12-1　不同电厂系数方案

方案	电厂系数			
	第一阶段		第二阶段	
1	0.65	CO	0.65	CO
2	0.70	CO	0.70	CO
3	0.75	CO	0.75	CO
4	0.80	CO	0.80	CO
5	0.70	CO	0.80	CO
6	0.70	CH	0.80	CO
7	0.80	CH	0.80	CO
8	1.00	CH	1.00	CH
9	0.80	CH	1.00	CH

注:CO 意为在引水隧洞末端设置调蓄水库;CH 意为在引水隧洞末端设置调压井。

经过分析比较,选择电厂系数为 0.80。根据选定的电厂系数,确定了电站的装机容量、调蓄水库的正常蓄水位和死水位。各电厂系数的调蓄库容及总库容如表 12-2、表 12-3所示。

表 12-2　不同电厂系数下的调蓄水库规模

电厂系数	调蓄库容 ($\times 10^3$ m³)	考虑滑坡后需要库容 ($\times 10^3$ m³)
0.65	992	1 141
0.70	790	909
0.75	614	706
0.80	460	529

表 12-3　不同电厂系数所利用的坝址及水位指标

电厂系数	调蓄水库坝址	第一阶段 （m）	第二阶段 （m）
0.65	Granadillas,Los Loros	1 230.2	1 230.5
0.70	Granadillas,Los Loros	1 228.5	1 228.9
0.75	Granadillas,Los Loros	1 220.2	1 227.2
—	Granadillas	1 229.5	1 232.1
0.80	Granadillas	1 228.8	1 229.5

在 1992 年完成的可行性研究中,选择的装机容量为 900 MW。

12.3.2　装机容量 1 500 MW 方案

随着近年来厄瓜多尔国内电力缺口加大,经过对原方案的重新审查,对装机容量 900 MW、1 200 MW、1 500 MW 三个方案进行了详细的比较,经过有关动能和经济指标的综合比较,提出了装机容量 1 500 MW 方案。三个方案的有关指标如表 12-4 所示。

表 12-4　不同装机容量方案比较

项目	单位	装机容量方案一 900 MW	装机容量方案二 1 200 MW	装机容量方案三 1 500 MW
1.工程特征指标				
（1）首部引水枢纽				
正常蓄水位	m	1 275	1 275.25	1 275.5
沉沙池设计流量	m³/s	132.5	176.8	222
（2）调蓄水库				
最高蓄水位	m	1 229.5	1 229.5	1 229.5
正常蓄水位	m	1 224.4	1 223.8	1 223.6
死水位	m	1 216	1 216	1 216
调蓄库容	万 m³	46	63.4	80.2
总库容	万 m³	83	99	115
（3）引水隧洞				
长度	km	24.8	24.8	24.8
设计引水流量	m³/s	132.5	176.8	222
平均内径	m	6.9	7.65	8.3

续表 12-4

项目	单位	装机容量方案一 900 MW	装机容量方案二 1 200 MW	装机容量方案三 1 500 MW
2. 水头指标				
正常毛水头	m	613.58	612.96	612.47
正常净水头	m	604.11	604.36	604.68
最大净水头	m	609.39	610.26	610.76
最小净水头	m	595.45	596.37	596.9
设计净水头	m	600.67	602.2	602.91
3. 机组参数				
机组台数	台	6	8	8
单机容量	MW	150	150	187.5
最大引水流量	m³/s	166.5	221.88	278.38
4. 电能指标				
多年平均发电量	GW·h	5 618.9	6 895.6	7 825.3
年最大发电量	GW·h	6 067.8	7 712.2	9 016.4
年最小发电量	GW·h	4 754.4	5 989.4	6 698.9
5. 装机年利用小时数	h	6 243	5 746	5 217
6. 静态总投资	10^6 \$	1.487.86	1.745.46	1.923.51
静态总投资差值	10^6 \$	257.60		178.05
其中:机电设备及安装投资	10^6 \$	371.72	476.17	532.14
机电设备及安装投资差值	10^6 \$	104.45		55.97
9. 单位千瓦投资	\$/kW	1.653.20	1.454.50	1.282.30
10. 单位电能投资	\$/(kW·h)	0.265	0.253	0.246
11. 补充单位千瓦投资	\$/kW	858.67		593.50
12. 补充单位电能投资	\$/(kW·h)	0.20		0.19

　　相比于 900 MW 的方案,装机容量 1 500 MW 方案下的工程规模有了一些变化,如引水隧洞的数目、引水流量及调蓄水库的调蓄库容等。

12.4 推荐方案总体布局

推荐 1 500 MW 装机容量下的主要工程布置如下：

（1）引水枢纽：有两座溢流坝，主坝和副坝，坝高为 24.1 m，正常蓄水位 1 275.5 m，根据 1987 年地震所引发的灾害性洪水估计，设计有两条最大过流量 15 000 m³/s 的溢洪道；两条引水隧洞位于溢洪道右侧，设计引水流量为 222 m³/s。

（2）沉沙池：引水隧洞的水流进入沉沙池可以过滤掉粒径大于 0.25 mm 的泥沙，沉沙池配有一个自动清洗和清除装置。

（3）引水隧洞：由原来的两条变为一条，设计引水流量从 127 m³/s 增加到 222 m³/s。从引水枢纽到调蓄水库总长度约 24.8 km，开挖直径 8.7 m，其中 24 km 是挖掘隧道，只有 0.8 km 是常规管道，引水隧洞全部涂防水层，水压从上游向下游增加，为使压力平衡所以在上游设置了调压井。

（4）调蓄水库：在维持电厂系数（0.80）不变的情况下，有效调蓄库容由 46 万 m³ 增加到 80 万 m³，由于调蓄水库上游正常蓄水位受地质条件限制不能太高。因此，水库的水位指标没有变化，即死水位 1 216 m，正常蓄水位 1 229.5 m。新增的调蓄库容是通过开挖获得的。

（5）引水发电隧洞：设计引水流量均为 139.25 m³/s，长度约 1 900 m，垂直部分大约 450 m 长，隧洞前段混凝土直径 5.8 m，后段钢管直径 5.2 m。

（6）发电厂房：位于地下 550 m 高程，安装 6 台 6 喷嘴冲击式水轮机组，单机容量 187.5 MW。

（7）尾水隧洞：断面为马蹄形，直径 9 m，长 660 m，底部高程 598.5 m，总过流能力 278.50 m³/s。

第 13 章

工程规模论证

13.1　基本资料

13.1.1　设计入库径流

坝址径流系列有 1965~2006 年逐月径流资料及 1972~1991 年逐日流量资料,根据径流资料的代表性分析,采用 1965 年 1 月至 2006 年 12 月 42 年逐月径流系列作为水库运行模拟的资料,用日径流资料进行校核。坝址多年平均流量 290.9 m^3/s,多年平均径流总量 91.7 亿 m^3,最大年径流量 110.84 亿 m^3,最小年径流量 68.56 亿 m^3。

1991 年,位于流域上游 Papallacta 处一个给首都基多供水的工程投入运行,设计供水流量为 3 m^3/s。扣除上游基多供水工程引水流量后,坝址处多年平均入库流量为 287.9 m^3/s,多年平均径流总量为 90.8 亿 m^3。

13.1.2　水库库容曲线

根据原可研报告,调蓄水库的库容由原始库容和开挖库容组成。开挖后的水位—库容曲线见图 13-1。

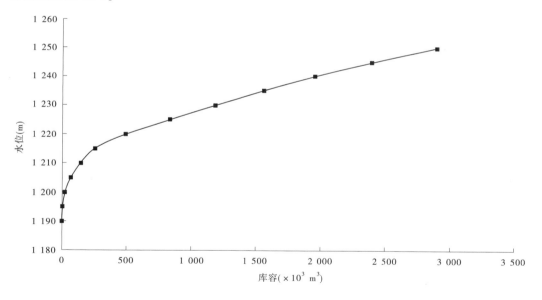

图 13-1　CCS 水电站调蓄水库水位—库容曲线

13.1.3　水库蒸发、渗漏损失

CCS 水电站所处地区为热带雨林气候,空气湿度大,调蓄水库面积很小且坝址处水文地质条件良好,因此计算时不考虑蒸发和渗漏损失。

13.1.4 水头损失

水轮发电机组为冲击式,共有 2 条发电引水隧洞,根据设计复核,发电引水隧洞最大水头损失为 8.34 m。

13.1.5 生态基流

由于 CCS 水电站为引水式电站,为了维持下游河道的生态环境及 San Rafael 瀑布的观赏性,原设计报告中采用的生态基流为 53 m³/s,为实测日径流资料中的最小日流量。根据合同中业主的要求,本次进行设计时采用的生态流量为 20 m³/s。

13.1.6 发电机组出力系数

机组综合出力系数采用 8.7。

13.1.7 设计保证率

CCS 水电站建成后将成为国家电网的骨干电源,可靠性要求高,因此选取水电站的设计保证率为 95%。

13.2 径流调节及能量指标计算

根据原设计报告及本次设计复核,输水隧洞设计引水流量 222 m³/s,调蓄水库的正常蓄水位为 1 229.5 m,死水位 1 216 m,电站装置 8 台冲击式水轮发电机组,总装机容量 1 500 MW,机组转轮中心线高程为 611.1 m。

13.2.1 复核原则与方法

厄瓜多尔 CCS 水电站为径流引水式电站,调蓄水库的调蓄库容为 88 万 m³,考虑库岸滑坡和泥沙淤积后,有效调节库容仅有 80 万 m³,径流调节能力较小。考虑水电站坝址处入库径流年内分配较为均匀,根据径流资料情况,才能计算以月为调节计算时段,采用 1965 年 1 月至 2006 年 12 月 42 年长系列资料进行径流调节计算。首部引水枢纽处天然来水在扣除上游基多供水和生态基流 20 m³/s 后,通过引水隧洞进入调蓄水库然后发电。

CCS 水电站开发任务为发电,无其他综合利用要求,因此首部引水枢纽全年维持在正常蓄水位附近运行,即首部引水枢纽的最小下泄流量等于生态基流,首部引水枢纽处可引用流量为天然来水扣除基多引水、生态基流,如果可引用流量大于 222 m³/s,则隧洞引水流量为 222 m³/s。如果可引用流量小于 222 m³/s,则隧洞引水流量为可引用流量。由于水库具有日调节能力,而且隧洞的最大引水流量小于电站的满发引用流量,因此隧洞的总引水量可以完全用于发电机组发电。

13.2.2　复核结果

根据运行模拟的原则、方法及调蓄水库运行水位的要求,针对 1972~1991 年逐日流量资料和逐月流量资料分别进行了 CCS 水电站发电情况模拟。根据模拟的结果,在模拟资料为月径流系列的情况下,电站的多年平均发电量为 91.05 亿 kW·h,其中雨季(4~9月)的发电量为 50.37 亿 kW·h,旱季(10 月至次年 3 月)的发电量为 40.68 亿 kW·h;在模拟资料为日流量资料的情况下,电站的多年平均发电量为 84.34 亿 kW·h,其中雨季(4~9 月)的发电量为 47.66 亿 kW·h,旱季的发电量为 36.68 亿 kW·h。

从两种径流资料的模拟结果可以看出,雨季和旱季两种资料的模拟结果相差不大。根据对径流资料及电站的引水特点分析,在模拟资料为日平均径流系列的情况下,由于不同日的来水差异较大,实际情况是有些日来水流量小于隧洞的引水能力,有些日来水流量大于隧洞的引水能力,而月平均径流掩盖了日流量过程的差异性,因此就造成用月径流系列计算的电站发电用水量大于日径流系列计算的电站发电用水量,按照月平均径流计算的发电量也就大于日平均径流计算的发电量。

由于 CCS 电站为日调节电站,在用 1965~2006 年长系列逐月径流资料进行电量模拟时,需要考虑径流资料时段长度对模拟结果造成的差异,根据前述分析,在以月径流系列模拟的情况下,对雨季和旱季的电量分别考虑一定程度的折减。根据 1972~1991 年日径流资料和月径流资料两种情况下模拟的雨季电量的比值 47.66/50.37=0.95,旱季电量的比值 36.68/40.68=0.90,雨季和旱季电量折减系数分别取为 0.95 和 0.90。

考虑雨季和旱季电量折减系数 0.95 和 0.90,进行 1965~2006 年长系列逐月电量模拟。CCS 水电站多年平均发电量为 85.35 亿 kW·h,其中雨季(4~9 月)的发电量为 47.90 亿 kW·h,旱季(10 月至次年 3 月)的发电量为 37.45 亿 kW·h。对电站出力进行排频,取 95% 频率对应的出力即为保证出力,经计算保证出力为 573.7 MW。机组年利用小时数为 5 690 h。

电站的加权平均水头为 603.96 m(净水头),最大水头为 618.4 m(毛水头),最小水头为 604.9 m(毛水头),水量利用率为 64%。

在不考虑隧洞的引水能力和发电机组的装机容量情况下,电站的水流出力—电量累积曲线如图 13-2 所示。

13.3　电站日运行方式设计

CCS 水电站为日调节电站,每天在峰荷运行 4 h,在基荷工作 5 h,在腰荷工作 15 h。根据 1965 年 1 月至 2006 年 12 月 42 年日径流资料,在电站日调节方式的基础上进行水库调蓄计算,确定一日内不同时段的发电流量和水位指标,复核不同运行方式下电站的发电量。复核结果如表 13-1 所示。

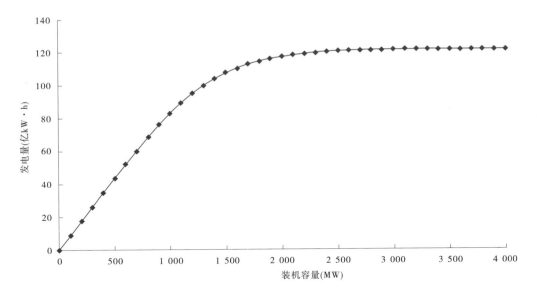

图 13-2　CCS 水电站水流出力—电量累积曲线

表 13-1　电站日调节计算能量指标

年份	出力(万 kW)				电量(万 kW·h)			
	峰荷	基荷	腰荷	多年	峰荷	基荷	腰荷	多年
1965	129.39	76.94	101.32	100.92	18.89	14.04	55.47	88.41
1966	132.92	80.40	104.87	104.45	19.41	14.67	57.42	91.50
1967	123.36	71.95	95.79	95.42	18.01	13.13	52.45	83.59
1968	125.17	73.68	97.62	97.22	18.33	13.48	53.59	85.40
1969	123.76	72.27	96.18	95.80	18.07	13.19	52.66	83.92
1970	132.57	79.99	104.45	104.04	19.36	14.60	57.19	91.14
1971	129.16	76.62	101.07	100.66	18.86	13.98	55.34	88.18
1972	132.58	80.10	104.53	104.11	19.41	14.66	57.39	91.45
1973	128.50	75.88	100.34	99.94	18.81	13.89	55.09	87.78
1974	132.55	79.84	104.41	103.98	19.35	14.57	57.17	91.09
1975	139.13	86.57	111.09	110.65	20.31	15.80	60.82	96.93
1976	132.84	80.15	104.71	104.28	19.45	14.67	57.49	91.60
1977	130.90	78.30	102.75	102.35	19.11	14.29	56.26	89.66
1978	123.48	70.95	95.33	94.94	18.03	12.95	52.19	83.17
1979	115.55	64.06	87.89	87.53	16.87	11.69	48.12	76.68
1980	119.14	66.57	90.88	90.53	17.44	12.18	49.89	79.52

续表 13-1

年份	出力(万 kW)				电量(万 kW·h)			
	峰荷	基荷	腰荷	多年	峰荷	基荷	腰荷	多年
1981	115.71	63.09	87.41	87.06	16.89	11.51	47.86	76.27
1982	126.05	73.41	97.86	97.46	18.40	13.40	53.58	85.38
1983	129.28	76.87	101.20	100.81	18.87	14.03	55.41	88.31
1984	127.49	75.02	99.40	99.00	18.66	13.73	54.57	86.96
1985	119.66	66.95	91.38	91.00	17.47	12.22	50.03	79.72
1986	127.73	75.11	99.55	99.15	18.65	13.71	54.50	86.86
1987	127.63	75.02	99.46	99.06	18.63	13.69	54.46	86.78
1988	125.34	72.73	97.14	96.76	18.35	13.31	53.33	84.99
1989	119.13	67.80	91.59	91.22	17.39	12.37	50.15	79.91
1990	126.66	75.25	99.19	98.78	18.49	13.73	54.31	86.53
1991	120.35	67.81	92.11	91.76	17.57	12.38	50.43	80.38
1992	122.03	70.97	94.69	94.30	17.87	12.99	51.98	82.84
1993	123.79	71.59	95.81	95.42	18.07	13.06	52.45	83.59
1994	130.87	78.28	102.74	102.33	19.11	14.29	56.25	89.64
1995	111.80	61.86	84.99	84.64	16.32	11.29	46.53	74.14
1996	125.65	74.18	98.10	97.71	18.40	13.58	53.85	85.83
1997	125.85	73.24	97.66	97.27	18.37	13.37	53.47	85.21
1998	126.86	75.45	99.39	98.98	18.52	13.77	54.42	86.71
1999	123.92	71.49	95.78	95.41	18.09	13.05	52.44	83.58
2000	128.34	77.12	100.98	100.57	18.79	14.11	55.44	88.34
2001	121.41	68.76	93.16	92.79	17.73	12.55	51.01	81.28
2002	123.29	71.72	95.64	95.27	18.00	13.09	52.37	83.46
2003	130.57	77.94	102.43	102.02	19.06	14.22	56.08	89.37
2004	120.66	67.95	92.40	92.02	17.67	12.43	50.73	80.83
2005	126.44	74.44	98.58	98.19	18.46	13.59	53.97	86.02
2006	125.62	73.01	97.43	97.04	18.34	13.32	53.34	85.01
平均	125.79	73.60	97.84	97.45	18.38	13.44	53.61	85.43

由表 13-1 可知,CCS 水电站多年平均发电量为 85.43 亿 kW·h,与用月径流计算的结果基本是一致的,其中峰荷多年平均发电量为 18.38 亿 kW·h,基荷多年平均发电量为

13.44 亿 kW·h,腰荷多年平均发电量为 53.61 亿 kW·h。

CCS 水电站多年平均出力为 97.45 万 kW,其中峰荷平均出力为 125.79 万 kW,基荷平均出力为 73.60 万 kW,腰荷平均出力为 97.84 万 kW。由于峰荷电站满发流量保证率只有 48%,因此和原设计报告相比,各时段平均出力均小于原设计值。

13.4 输水隧洞引水流量复核

输水隧洞的引水流量取决于电站的装机规模及电站的日运行方式,根据原设计报告,电站的装机规模确定为 1 500 MW,电站为日调节电站,每天在峰荷运行 4 h,平均出力 1 464 MW,在基荷工作 5 h,平均出力 937 MW,在腰荷工作 15 h,平均出力 1 171 MW。在原设计报告中,根据机组的最大引用流量 278.4 m^3/s 确定的引水隧洞最大引用流量为 222 m^3/s。

本次进行输水隧洞引水流量复核时,根据坝址 1965~2006 年月平均径流系列计算,坝址多年平均流量 290.9 m^3/s,除去上游基多引水流量 3 m^3/s,生态基流 20 m^3/s,则电站的多年平均可引用流量为 267.9 m^3/s。径流系列中最大月平均流量为 671.4 m^3/s,最小月平均流量为 77.2 m^3/s,最大引水流量 222 m^3/s 对应的月保证率为 62%,月径流(扣除上游基多引水和坝下生态基流)频率曲线见图 13-3(竖线所示为隧洞最大引用流量 222 m^3/s 对应的频率)。

根据 1972~1991 年日流量资料系列,222 m^3/s 对应的日保证率为 48%,日径流(扣除上游基多引水和坝下生态基流)频率曲线见图 13-4(竖线为隧洞最大引用流量 222 m^3/s 对应的频率)。

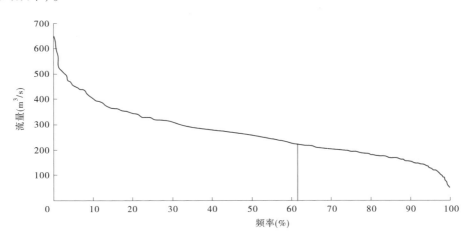

图 13-3 月径流过程(1965~2006 年)频率曲线

当隧洞最大引用流量为 222 m^3/s 时,电站多年平均的引水量占坝址来水量的 64%,占坝址可引用流量(坝址天然来水量扣除基多引水和下泄的生态基流)的 69%。因此从坝址的水资源可利用量上来看,隧洞最大引用流量 222 m³/s 是合适的。

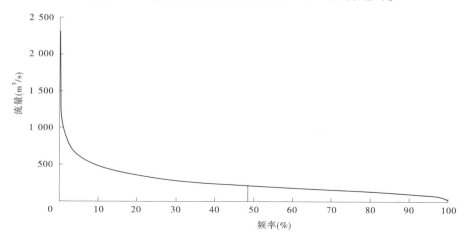

图 13-4　日径流过程(1972~1991 年)频率曲线

13.5　调蓄水库工程规模论证

CCS 水电站装机容量 1 500 MW,电站调蓄水库正常蓄水位 1 229.5 m,死水位 1 216 m,总调蓄库容 88 万 m³,考虑库岸滑坡和泥沙淤积后,有效调节库容是 80 万 m³。由于合同中对装机容量等指标进行了确定,因此本次根据报告中拟定的运行方式对调蓄水库的库容进行了复核。复核时采用正反两种方式:①根据隧洞的最大引水流量复核在完全满足日调峰小时数(4 h)的情况下不同来水频率下所需要的调蓄库容;②根据不同频率来水复核水库在引水流量小于 222 m³/s 时水库实际的调峰时间。

(1)对坝址的日径流(考虑上游基多引水 3 m³/s 和坝下生态基流 20 m³/s)进行排频,隧洞最大引水流量 222 m³/s 对应的保证率为 48%。根据不同的保证率的来水流量,按照完全满足调峰 4 h 进行所需的调蓄库容复核,复核成果如表 13-2 所示。

表 13-2　不同来水保证率情况下 CCS 水电站调峰所需调蓄库容

来水保证率(%)	流量(m³/s)	调峰库容(万 m³)
50	215	90.26
55	202	108.98
60	190	126.26
65	175	147.86
70	164	163.70
75	148	186.74

续表 13-2

来水保证率(%)	流量(m³/s)	调峰库容(万 m³)
80	135	205.46
85	120	227.06
90	105	248.66
95	83	280.34

从表 13-2 可以看出,在来水频率分别为 50%、75%、95% 的情况下,要完全满足调峰 4 h 需要的最大调蓄库容分别为 90.26 万 m³、186.74 万 m³、280.34 万 m³。如果调蓄水库的调蓄库容(有效)为 80 万 m³,那么在引水流量小于 222 m³/s 时,电站将不能做到完全日调节。

(2)在隧洞的最大引水流量 222 m³/s 和调蓄水库有效调节库容 80 万 m³ 确定的情况下,对小于隧洞引水流量 222 m³/s 的来水按照报告中拟定的日运行方式,进行了可调峰时间的复核,复核成果如表 13-3 所示。

表 13-3 不同来水保证率下实际调峰小时数(有效调节库容 80 万 m³)

来水保证率(%)	流量(m³/s)	调峰时间(h)
50	215	3.55
55	202	2.94
60	190	2.54
65	175	2.17
70	164	1.96
75	148	1.72
80	135	1.56
85	120	1.41
90	105	1.29
95	83	1.14

从表 13-3 可以看出,在原报告所确定的调蓄水库工程规模情况下,当来水保证率所对应的流量小于隧洞的最大发电引用流量 222 m³/s 时,机组的日调峰小时数将比设计确定的要小。随着来水保证率由 50% 增大至 95%,电站的引用流量不断减小,按照 80 万 m³ 有效调节库容进行调峰小时数计算,电站的日调峰小时数由 3.55 h 减小到 1.14 h。

综合表 13-2 和表 13-3 可以看出,目前所确定的调蓄水库的库容在隧洞引水流量为 222 m³/s 的情况下可满足原设计确定的运行方式,但保证程度仅为 48%。当隧洞引水流量小于 222 m³/s 时,电站将无法满足原设计所确定的运行方式及出力要求,即每天 4 h 完全调峰的要求。

以上两种情况是对隧洞引用流量小于 222 m³/s 时满足完全调峰要求下的复核成果。下面将对小流量下电站的平均出力情况进行复核,即当引水流量小于 222 m³/s 时,电站不进行完全调峰,按照原设计所确定的电站运行方式复核各时段的平均出力。

复核成果如表 13-4 所示。

表 13-4 隧洞引用流量小于 222 m³/s 时机组各时段平均出力

来水保证率(%)	流量(m³/s)	基荷出力(MW)	腰荷出力(MW)	峰荷出力(MW)
50	215	89.51	112.89	142.12
55	202	82.71	106.10	135.34
60	190	76.57	100.01	129.31
65	175	68.77	92.24	121.58
70	164	63.08	86.60	115.99
75	148	54.74	78.31	107.76
80	135	47.91	71.50	100.98
85	120	40.01	63.63	93.14
90	105	32.08	55.72	85.26
95	83	20.41	44.07	73.63

原设计确定电站每天在峰荷运行 4 h,平均出力 1 464 MW,在基荷工作 5 h,平均出力 937 MW,在腰荷工作 15 h,平均出力 1 171 MW。当隧洞的引水流量小于 222 m³/s 时,电站各时段的平均出力小于设计所确定的出力。在来水保证率为 95% 情况下,电站在基荷 5 h 的平均出力为 20.41 MW,腰荷 15 h 的平均出力为 44.07 MW,峰荷 4 h 的平均出力为 73.63 MW。

参 考 文 献

[1] INAMHI. ANUARIO HIDROLOGICO 2000[Z]. Ecuador:INAMHI,2000.

[2] IAHS. World catalogue of maximum observed floods (R. Herschy, ed.)[M]. Wallingford:IAHS Press, IAHS Publ. , 2003.

[3] ELC Electroconsult. Hidroeléctrico Coca Codo Sinclair Feasibility Study Proyecto Fase A[R]. Italy:ELC-Electroconsult,1989.

[4] ELC Electroconsult. Hidroeléctrico Coca Codo Sinclair Feasibility Study Proyecto Fase B[R]. Italy:ELC-Electroconsult,1992.

[5] ELC-Electroconsult. Feasibility Study for 1500WM−Proyecto Hidroeléctrico Coca Codo Sinclair[R]. Italy:ELC-Electroconsult,2008.

[6] U. S. Army Corps of Engineers. HEC-FFA Flood Frequency Analysis User's Manual[Z]. USA:U. S. Army Corps of Engineers,1992.

[7] U. S. Army Corps of Engineers. Flood-Runoff Analysis[Z]. USA:U. S. Army Corps of Engineers,1994.

[8] U. S. Army Corps of Engineers. HYDROLOGIC FREQUENCY ANALYSIS [Z]. USA:U. S. Army Corps of Engineers,1993.

[9] U. S. Army Corps of Engineers. HYDROLOGIC ENGINEERING REQUIREMENTS FOR RESERVOIRS [Z]. USA:U. S. Army Corps of Engineers,1997.

[10] U. S. Army Corps of Engineers. River Hydraulics [Z]. USA:U. S. Army Corps of Engineers,1993.

[11] U. S. DEPARTMENT OF HOMELAND SECURITY FEDERAL EMERGENCY MANAGEMENT AGEN-CY. FEDERAL GUIDELINES FOR DAM SAFETY(FEMA): SELECTING AND ACCOMMODATING INFLOW DESIGN FLOODS FOR DAMS[R]. U. S. A:U. S. FEMA,2004.

[12] Graf W H, E R Acaroglu. Settling Velocities of Natural Grains[J]. Bulletin of the International Association of Scientific Hydrology. 1966,11:4.

[13] Rubey W W. Settling velocities of Gravel,Sand,and Silt Particles[J]. American Journal of Science. 1933,25:325-338.

[14] Graf W L. Hydraulics of Sediment Transport[M]. New York:McGraw-Hill,1971.

[15] Simons D B, F Senturk. Sediment Transport Technology[M]. Colorado:Water Resources Publications, Fort Collins,1977.

[16] Rouse H. Fluid Mechanics for Hydraulic Engineers[M]. New York:Dover,1938.

[17] U. S. Bureau of Reclamation. Design of Small Dams[M]. Colorado:Denver,1987.

[18] Yang C T. Incipient motion and Sediment Transport[J]. Journal of the Hydraulics Division,ASCE,1973. 99:10067.

[19] White W B, Cayan D R. A global El Nino-Southern Oscillation wave in surface temperature and pressure and its interdecadal modulation from 1900 to 1996[J]. J Geophysical Research, 2000,105 C5: 11223~11242.

[20] Richard W Katz, Marc B Parlange, Philippe Naveau. Statistics of extremes in hydrology[J]. Advances in Water Resources,2002,25:1287-1304.

[21] E J Gumbel. Statistics of Extremes[M]. New York：DOVER PUBLICATIONS,2004.

[22] 黄振平,萨迪伊,王春霞,等.关于适线法中经验频率计算公式的对比研究[J].水利水电科技进展,2002,22(5):5-7.

[23] 丛树铮.水科学技术中的概率统计方法[M].北京:科学出版社,2010:119-135.

[24] 王骥,贾绍德.Ⅰ型极值分布(耿贝尔分布)的一个计算机程序[J].海洋通报,1987,6(2):85-89.

[25] 董胜,焦桂英.水文极值Ⅰ型分布参数拟合方法的探讨[J].中国港湾建设,1999,4(2):6-9.

[26] 刘秦玉,刘衍韫,黄菲.厄尔尼诺/南方涛动现象对热带西太平洋大气外强迫的响应[J].中国海洋大学学报,2008,38(3):345-351.

[27] 耿莉.CCS水电站首部枢纽设计特点[J].河南水利与南水北调,2016(10):48-49.

[28] 李家星,赵振兴.水力学[M].南京:河海大学出版社,2001.

[29] 李炜,等.水力计算手册[M].北京:中国水利水电出版社,2006.

[30] 金光炎.水文水资源计算务实[M].南京:东南大学出版社,2010.

[31] 金光炎.水文统计理论与实践[M].南京:东南大学出版社,2012.

[32] 涂启华,杨赉斐.泥沙设计手册[M].北京:中国水利水电出版社,2006.

[33] 张瑞瑾.河流泥沙动力学[M].北京:中国水利水电出版社,1989.

[34] 杨志达.泥沙输送理论与实践[M].北京:中国水利水电出版社,2000.

[35] 丁君松.悬移质含沙量沿垂线分布的研究及其应用[J].武汉水利电力学院学报,1981(4):41-53.

[36] 黎运菜,杨晋营,张金铠.水利水电工程沉沙池设计[M].北京:中国水利水电出版社,2004.

[37] 陆俊卿,张小峰,董炳江,等.水库冲刷漏斗三维数学模型及其应用研究[J].四川大学学报(工程科学版),2008,40(6):43-50.